KB141114

엽견훈련

사냥은 1발 2개 3총

사냥개 훈련의 길눈이가 되길

사냥은 1발, 2개, 3총이라 한다.

온종일 걸어야 하는 사냥은 발이 제1이고, 개가 게임을 찾아야 하니 개를 두 번째로 친다. 산림이 울창하고 게임이 감소된 최근의 사냥은 개로 시작해서 개로 끝난다는 말까지 나오고 있다.

헌터들이 평생 동안 지불하는 경제적 부담도 사냥개가 으뜸이다. 이렇듯 개없는 사냥은 사냥의 진가를 모르게 한다. 그러나 개가 차지하는 비중이 크다는 것을 알면서도 훈련에 시간을 투자하는 헌터는 많지 않다. 생각이 없어서가 아니라 헌터들의 생활여건이 이를 허락하지 않기 때문이다. 스스로의 훈련으로 훌륭한 개를 만들 수 있다는 자신감이 없어서 일 수도 있다. 우수한 강아지를 확보하고 훈련방법을 몰라 개의 수명을 단축시키는 일도 있다. 나쁜 습관을 들이게 되어 미운개로 낙인찍혀 일생을 개줄에 매여 살아야 하는 슬픈 개도 있다.

「자연과 사냥」은 이러한 수렵계의 현실을 감안하여 이 책을 펴낸다. 사랑하는 엽견의 수명을 늘리고 헌터와 함께 행복한 삶을 누리도록 하기 위함이다.

어느 영국의 사냥개 훈련사가 "개를 훈련시키는 시간은 하루 중에서 제일 즐거운 시간을 선택하라"고 한 말이 생각난다. 사냥개는 사냥을 잘 해야만 제 빛을 발휘할 수 있다. 그래서 이 책은 10여 년간 「자연과 사냥」에 소개된 글을 묶은 것이다.

그러나 그 때의 모든 글을 재록(再錄)한 것만은 아니다. 미흡한 부분은 보완하고 새 글을 써서 삽입한 것도 있다. 책의 내용은 엽견 선택과 훈련을 중점적으로 다뤘다. 1년생 엽견과 미숙한 엽견의 보완훈련도 빼놓지 않았다.

강아지 고르기와 관리의 중요성도 챙겨 넣었다. 엽견의 먹이와 사료별 영양도 분석하고, 질병 예방과 치료도 살펴 넣었다.

전 세계에서 유행하는 수렵견도 사진과 함께 수록하여 표준형 엽견을 알아볼 수 있도록 꾸몄다. AKC(미국애견협회)와 FCA(프랑스애견협회)에 등록된 세계적 사냥개 동향도 파악해 보았다.

가능한 헌터들이 사냥개의 궁금증을 푸는 데 도움이 되도록 노력했다.

7년여 전 국내 처음으로 엽견훈련과 사냥에 관한 비디오테이프를 펴낸 경험을 살려 현장에서 필요한 내용으로 선별했다. 엽견훈련에 관한 책 한 권 없는 국내 실정을 감안하여, 이 책 한 권이면 훌륭한 사냥개가 태어날 수 있도록 「자연과 사냥」 편집진은 무던운 여름을 여기에 바쳤다.

나는 10여 년간 책을 내면서 수렵인에게 도리를 다 하지 못한 죄책감을 느낄 때가 한두 번이 아니었다. 그런 감정으로 이 책을 내고 감히 엽견훈련의 길눈이가 되어 수렵인의 사냥길에 행복을 나누는 계기가 되기 바란다.

그리고 이왕 시작한 일이니 앞으로 본지를 시발로 향후 수렵에 관한 각종의 단행본을 펴낼 계획이다. 이 책 한 권으로 헌터 스스로 가르치는 것이 최고의 훈련법이라는 것도 알게 되고, 즐거운 사냥과 엽견지기로 지켜지길 바라며 사냥에 대한 지지자가 될 독자 여러분의 성원을 부탁드린다.

「자연과사냥」 이 종 익

I 엽견 입문

사냥과 개

엽견의 이해

자연을 이해하는 것이 사냥이며 조렵견은 꿩을 찾는 것이 중요한 과제이다

❘ 엽견 입문

1 사냥과 개

1. 개의 기원

개는 석기시대부터 인간과 가장 친숙한 동물이다. 식육목
(Canivora) 식육과(Canidae)에 속하는 개는 세계의 모든 지역
에서 사람과 함께 살고 있다.

오늘날 기르는 개의 품종은 400종이
넘는다. 개와 인간이 최초로 관계를 맺
기 시작한 것은 25만 년 전으로 추정된
다. 지난 25만 년 동안 인류는 그 수가
300만에서 약 60억으로 증가했고, 인
간의 수명은 30년에서 70년 이상으로
늘어났다. 프랑스의 고고학자 륑레(H.
de Lumley, 1969)는 프랑스 남부의
산기슭에서 12만 5천 년 전의 동굴을 발

이집트에서 출토된 개의 모형

견했다. 이 동굴 입구에서 구석기인들이 쌓아둔 것으로 보이는 늑

대의 두개골 무덤을 발견했다. 이를 보고 그 이후로 개들이 인간의 사냥 동료였을 것으로 추정하고 있다.

개가 어떤 실용적 목적 아래 사육되기 시작했는가에 관하여는 여러 가지 자료가 증명하고 있으며, 늑대가 가축화된 동기는 인간이 사냥에 이용하면서부터라는 주장이 설득력이 있다. 늑대와 인간의 사냥에는 공통점이 많다. 무리를 구성하며 같은 규모의 행동군을 이루는 경향이 있기 때문이다. 늑대와 인간은 비슷한 먹이를 사냥하며 집단을 이루어 공동으로 사냥할 때가 많다. 늑대가 무리 사이의 순위를 바탕으로 유지되고 지능이 높으며 낮에 활동하는 점도 인간과 비슷하다.

이런 공통점과 함께 후각으로 추적하는 능력을 알게 된 사람들이 늑대를 길들였을 것이라고 학자들은 주장하고 있다. 그 증거는 아프리카, 동남아시아, 오세아니아, 남아메리카 지역 등의 석기시대와 가까운 생활양식을 갖고 있는 종족들을 보면 알 수 있다.

이 지역에서 오늘날까지도 개를 사냥에 이용하고 있는 것을 보면 선사시대 사람들도 늑대를 사냥에 이용하였다는 주장이 정확하다고 할 수 있다.

개를 사냥에 이용한 가장 오래된 기록은 약 6,000년 전의 사냥 광경을 그린 이집트 시대의 벽화로, 바센지와 비슷한 개가 묘사되어 있다. 그 후 이집트의 다른 벽화에서도 개 그림이 그려져 있는데 마스티프종과 그레이하운드류의 개들을 볼 수 있다.

그리스 로마 시대의 문학 속에도 사냥개가 이용된 기록이 전해지고 있다. 14세기 말 프랑스의 귀족 가스톤드포아가 사냥에 대한 논문을 완성함으로써 최초로 사냥개 품종의 그림과 명칭이 기록되기 시작한다.

이 때부터 19세기 중반 무렵까지 각 견종에 대한 상세한 역사가 기록되어 있다. 사냥개는 인간이 최초로 개량해 낸 동물이며, 근세에 총포에 의한 수렵이 개막되면서 다양한 종류로 발전되고 있다. 개를 포함한 야생동물의 가축화가 이뤄지기 위해서는 다음과 같은 조건이 필요하다.

· 튼튼해야 한다.

· 천부적으로 사람을 좋아해야 한다.

· 편한 것을 좋아해야 한다.

· 원시인들에게 쓸모가 있어야 한다.

· 자유롭게 번식할 수 있어야 한다.

· 돌보기 쉬워야 한다.

선사시대부터 사육된 개 가운데 사냥능력이 뛰어난 개가 엽견으로 발전했다.

조렵견은 꼬리를 흔들고 눈을 응시하며 게임의 서식 유무를 알려주고, 그 위치를 지적해준다.

2. 엽견의 발견

개는 사람과 관계를 맺은 초기부터 사냥견으로 이용되어 왔다. 주로 사냥하는 게임에 따라 꿩, 오리 등 조류를 사냥하는 조렵견 (Gun dog) 그룹과 멧돼지, 고라니 등 수류를 사냥하는 수렵견 (Hound dog) 그룹으로 나눌 수 있다. 이 가운데 조렵견은 현대의 수렵견 모두를 총칭할 수 있을만큼 광범위하게 이용되고 있다.

(1) 조렵견

조렵견에 관한 최초의 기록은 그리스의 역사학자 크세노폰의 자료에 나타난다. 이 자료를 보면 조렵견이 출현한 시기는 BC 2,500년경으로 추정된다. 이 자료에서 조렵견은 사냥물을 추적하는 대신 아주 조용하게 짐승을 바라보며 흥분에 떨었다고 기록되어 있다.

이후 엽총의 발명과 유럽의 역사적 환경변화에 의해 사냥이 귀족적인 취미로 부각됨에 따라 조렵견은 다양한 형태로 발전하게 된다.

조렵견은 헌터의 협조자로서 주로 후각을 이용해 게임을 찾아낸다. 이후 자리에 가만히 서 있거나 꼬리나 머리를 이용해 게임의 흔적이나 은신처를 지적해 준다. 최초의 조렵견은 새의 위치를 찾거나 그물로 새를 몰아주는 역할을 했다. 그러다 점차 후각을 이용하여 게임의 위치를 알리고, 명령에 따라 게임을 날리고 총에 맞아 떨어진 새를 회수하여 헌터와 조화될 수 있는 만능 개로 발전하게 되었다.

후각 하운드 종은 끈기와 지구력이 우수하여 집단 사냥을 주로 한다.

(2) 수렵견 (獸獵犬)

수렵견은 사람과 개와의 관계가 시작된 초기부터 사냥견으로 이용되었고 근대에 이르러 총기의 발달로 질적 변화가 이루어졌다. 정의를 내린다면, 현대의 수렵견이란 '개가 게임을 추적하고 찾아내서 포획하거나 게임을 몰아놓고 사람과 총의 도움으로 사냥을 마무리짓는 역할을 하는 개'라고 할 수 있다.

수렵견은 눈으로 찾아 추적하고 사냥하는 시각 하운드(Sight hound)와, 냄새로 추적하는 후각 하운드(Scent hound)의 2가지 형태로 구분된다. 시각 하운드 종으로 대표적인 개는 그레이하운드와 살루키, 아프간하운드, 울프하운드 등이 있다. 이 개들은 뛰어난 스피드로 오늘날 경주견으로 이용되고 있다. 후각 하운드 종은 끈기와 지구력에서 시각 하운드보다 우세하며, 집단사냥을 주로 하는 습성을 가지고 있다. 이 개들은 오늘날까지 수렵용으로 애용되고 있으며 게임이나 개의 형태, 사냥하는 방법에 따라 수십여 종류의 개로 발전되어 왔다.

게임에 따라 발전된 대표적인 개로는 미국의 너구리 사냥용 쿤하운드(Coonhound), 토끼 사냥용 비글, 여우 사냥용 폭스하운드, 이리 사냥용 울프하운드, 코요테하운드, 너구리나 오소리를 주로 잡는 바셋하운드, 닥스훈트, 멧돼지나 맹수류 사냥에 적합한 블랙마우스쿠(Blackmouthcur), 로데지안리지백 등이다.

② 엽견의 이해

1. 감각기관

⑴ 후각

개의 후각은 인간보다 1만 배 이상 발달되었다고 추정한다. 따라서 엽견은 여러 종의 냄새가 혼합된 가운데서도 특정한 냄새만을 골라서 추적할 수 있다. 식물이나 흙 또는 눈 위에 남은 냄새를 통해 추적 대상을 끈질기게 따라붙을 수 있으므로 후각은 엽견의 생명이라 할 수 있다. 엽견은 게임의 종류는 물론 냄새를 통해 암수 구별도 할 수 있다. 예를 들어 총에 맞아 떨어진 꿩 A를 물고 주인에게 돌아오는 도중에 갑자기 꿩 B가 잠복해 있음을 알게 되면 꿩 A를 입에 문채 다시 포인 할 수 있다. 이것은 사람의 눈에는 꿩이다 같아 보이지만 엽견은 또 다른 꿩을 후각으로 판별할 수 있기 때문이다. 사냥을 나가면 주인이 신고 있는 사냥화를 통해 주인을 찾기도 하는데, 고무장화보다 가죽구두를 한결 쉽게 찾은 사례에서도 알 수 있다. 엽견의 후각은 대지 위에 습기가 있고 미풍이 있는 조건에서 게임을 발견하는 데 능률적이다. 풍향을 이용하여 수색 방향을 정하기가 쉽기 때문이다. 하지만 엽견에게 감기나 코의 질병이 생길 경우 후각능력은 현저하게 떨어진다. 엽견의 코 끝은 습기가 있고 반들반들한 것이 가장 이상적이다.

<풍향과 냄새>

이 사진을 보면 개는 어느쪽에서 들어가야 하는지 예측할 수 있다.

엽견의 후각을 효율적으로 이용하기 위해서는 냄새가 퍼져나가는 방향을 이해해야 한다. 평지에서 연막탄을 터뜨리면 연기가 퍼져나가는 방향을 확인할 수 있다. 연기의 양과 확산거리를 좌우하는 요소는 바람, 온도, 습도 등이다. 위의 사진에서 연막탄의 연기가 퍼져나가는 모양을 관찰해보자. 미풍의 영향을 받은 연기는 위로 솟아오르면서 부채꼴로 퍼져나간다. 이 모습은 냄새가 대기 중에서 퍼져나가는 모습과 유사하다. 장소에 따라 냄새가 퍼지는 모양도 천차만별이다. 산등성이나 언덕에서는 소용돌이치며 불규칙적으로 퍼진다. 평지에서는 방해물이 적기 때문에 일정한 모양으로 퍼진다. 개가 냄새를 감지하도록 하기 위해서는 냄새의 핵심으로 접근시켜야 한다.

(2) 청각

후각 다음으로 발달된 개의 청각은 인간의 수십배에 달한다. 인간은 꿩의 울음소리를 1km에서 겨우 듣는데 개는 4km 밖에서도 들을 수 있다. 미세한 소리, 즉 꿩의 발자국 소리와 심장 박동 소리도 구별한다. 주인의 발자국 소리와 차소리는 물론 주인이 부는 휘슬소리, 휘파람소리까지 쉽게 구별한다.

(3) 시각

후각이나 청각이 발달한 반면 시각은 인간보다 못하고 색맹이다. 그래서 개 눈에는 세계가 회색으로 보인다. 흰색은 제일 잘 구별할 수 있는 색깔이다. 형태 감각도 좋지 못하다.

100m에서 겨우 알아보기 때문에 시야 내에 여러 사람이 있으면 주인을 식별하지 못해 우왕좌왕하기도 한다. 야시능력(夜視能力)은 예리해서 수백미터 이내의 사람도 알아볼 수 있다.

(4) 미각

미각은 후각의 보조역할을 할 따름이다. 단맛을 좋아하고 짜고 맵고 쓴 것은 싫어한다. 개는 피부에 땀구멍이 없으므로 땀을 흘려서 체온 조절을 하지 못하고 입을 벌리고 혀를 내놓아 입김과 침을 흘려서 체온을 조절한다.

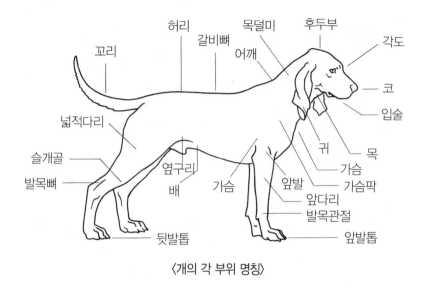

〈개의 각 부위 명칭〉

2. 의사소통

(1) 방법

동물과 인간과의 의사소통은 주로 표정, 태도, 몸짓으로 이루어
진다. 동물끼리는 소리, 냄새, 색채로 의사를 전달한다. 인간과 가
장 친밀한 개는 어떻게 의사를 전달할까?

개의 조상은 늑대와 자칼 두 가지 계통이 있다고 하는데 둘은 공
통점이 많다. 가족적인 점, 먼 길을 줄기차게 추적하여 사냥하는
점, 서로 비슷한 방식으로 동료들에게 인사를 하며 한쪽 다리를 들
고 오줌을 배설해 흔적을 남기는 점. 단지 늑대와 자칼은 동족 사
이의 의사소통으로 충분하지만 개는 사람과 의사소통을 하기 위한
언어를 별도로 가지고 있다. 자신들만의 언어인 코를 이용한 후각

< 포인이란? >

헌터들마다 포인에 대한 견해가 다르다. 꿩이 개에게 덤벼들 태세를 취하면 개도 우뚝 멈춰서 공격시점을 찾으며 포인이 시작된다는 헌터도 있고, 꿩을 발견하면 개가 선천적으로 머리를 숙여 꿩을 주시하게 된다는 헌터도 있다.

그런데 최근 한 포수가 "사냥개가 포인하는 순간 꿩과 개의 눈싸움이 시작된다."라고 주장해서 화제가 됐다. 즉, 개가 꿩을 발견하여 노려보고 있는 동안 꿩은 도망갈 자리를 살피며 개가 공격할 시점을 예측하면서 서로를 응시하게 된다는 것이다. 그는 포인할 때 개가 바라보고 있는 시선을 따라가 보거나 개의 맞은편에서 관찰해 보면 이 점을 쉽게 확인할 수 있다고 근거를 제시했다. 포인 장면을 수없이 확인한 그는 포인과정에서 개와 눈이 마주친 꿩은 개를 예의주시하며 날아갈 자리를 물색하게 된다고 주장하고 있다. 이 때 꿩의 눈동자는 개와 도망갈 곳을 번갈아 살피게 된다고 한다.

언어만으로 사람과 의사소통을 할 수 없기 때문이다.

대사처럼 짖어대는 언어나 사람들의 바디랭귀지에 해당하는 몸으로 표현하는 언어를 통해 사람과 대화가 가능하다. 여기엔 꼬리, 귀, 얼굴, 털 등을 이용한 자세나 동작이 해당된다. 가령 개는 눈 하나만으로 갖가지 표정을 지을 수 있다. 치켜뜨기도 하고 지긋이 감기도 하며 곁눈질도 한다. 둥글고 뚜렷한 귀여운 눈은 야생견의 눈이 아니라 사육되면서 순화된 것이다.

(2) 주의사항

엽견은 헌터들에게 무척 헌신적이다. 자기 종족보다 오히려 사람을 더 좋아한다. 동물은 종족번식의 본능과 개체 유지의 본능이 있는데, 개는 사람을 위해 목숨도 아끼지 않는다. 그래서 사람들은 개가 견딜 수 없는 고통이 무엇인지를 살피는 배려가 필요하다. 이를테면 개가 후각이 예민한 동물이란 사실을 참작하여 자동차의 배기가스가 자욱한 큰 길가에 매어두지 말아야 한다.

개는 일반적으로 알코올과 담배냄새를 싫어한다. 개가 술주정뱅이를 싫어하는 원인은 갈지자걸음의 기괴한 분위기를 경계하는 데도 있지만 알코올 냄새를 싫어해서이다. 헌터들 가운데는 "우리 개는 내가 밤중에 술에 취해서 돌아와도 언제나 달려들어 환영해 주던데요."라고 반박할지 모르지만 이는 개가 그 사람의 냄새 이외에도 몸짓이나 소리를 통해 주인을 식별하기 때문이다. 개는 몸

시 외로움을 타는 동물이다. 그러므로 개와 친해지고 싶으면 하루
에 한 번은 개와 인사를 나눈 후 손으로 쓰다듬어 주는 습관을 가
져야 한다.

(3) 개들의 다양한 언어

우세한 개의 꼬리가 올라가 있고 복종하는 개의 꼬리가 내려가 있다.

II 강아지 고르기

강아지 구입시기

강아지 테스트

강아지는 49일째 새로운 주인을 만나는 것이 중요하다

II 강아지 고르기

① 구입시기

1. 강아지 훈련의 이해

(1) 강아지 훈련

독일에서 인간사회와 격리된 상태로 성장한 아이들을 실험한 적이 있다. 실험의 목적은 인간과 언어를 접해본 적이 없는 아이들이 어떤 방법으로 정상인처럼 살게 될 것인가를 살펴보는 데 있었다. 그러나 이 실험은 성공하지 못했다. 인간사회와 접촉하지 못한 채 살아온 아이들이 뜻하지 않게 사망했기 때문이다. 이 실험에서 연구진은 인간사회와 사랑을 나누지 못한 아이들은 의사전달방법을 모르기 때문에 우울증에 빠져 죽음에 이르게 된 것으로 결론지었다.

이런 실험도 있었다. 언어는 물론 인간과의 접촉도 부분적으로 허용된 조건 아래 아이들을 격리시킨 후 정상적인 가정환경으로 되돌려 보냈을 때 아이들의 학습능력이 크게 손상되었다.

이들의 학습능력이 훼손된 원인은 인간과의 접촉이 부족했기 때문이다.

이런 사례들은 개에게도 적용된다. 인간과의 접촉이나 훈련 없이 견사에서 길러진 강아지는 나중에 훈련을 시작하면 여러가지 문제가 발생하게 된다. 어미견의 보호를 받고 훈련을 시작할 만큼 정신기능이 발달하게 된 후에 견사에서 가정으로 옮겨진 강아지가 훌륭한 사냥견이 될 확률이 높다.

모든 동물은 잘못된 습관이 들기 전에 교육을 시작하여야 한다. 강아지를 교육시킬 시기는 강아지의 정신적 성숙도와 밀접한 관련이 있기 때문이다. 정상적인 훈련을 소화할 수 있을 만큼 육체적으로도 성장해야 하지만 정신적 성숙이 뒤따라야 교육의 성공률이 높아진다. 강아지의 성숙도를 측정하는 기준은 여러 가지가 있다. 먼저 육체적인 성숙도를 측정하기 위해 인간의 나이와 개의 나이를 1:7의 비율로 판단하는 방법이다. 이 기준을 적용한다면 생후 6개월이 된 개는 인간의 나이로 치면 3살 반에 해당된다. 하지만 이 방법은 육체적인 성숙도를 측정하는 데는 효과적일지 몰라도 정신적인 성숙도를 측정하긴 어렵다.

(2) 성장단계

언제 강아지를 집으로 데려와야 할까? 맹인안내견의 학습과정에

참여했던 전문가들은 정확히 생후 49일이 된 강아지를 집으로 데려와야 한다고 말한다. 이들은 강아지의 성장과정을 관찰한 결과 생후 16주가 된 강아지의 삶을 5가지로 구분했다.

각 시기별로 다음과 같은 특성이 나타나며 인간과 접촉하지 않은 개는 결코 훌륭한 개가 될 수 없기 때문에 훈련의 중요성이 매우 크다고 강조했다.

가. 제1기 : 0~21일

모든 종의 강아지가 생후 21일이 될 때까지 거의 0에 가까운 정신력을 가지고 있다. 이 기간 동안에 강아지에게 필요한 것은 음식과 적당한 온도, 잠, 어미견이다. 생후 21일이 지나면 강아지의 두뇌는 비로소 활동을 시작한다. 실제로 뇌와 연결된 전기회로에서 이 때부터 두뇌활동이 시작되는 증거가 나타난다.

나. 제2기 : 22~28일

이 기간에는 어미견에 대한 욕구가 강아지를 지배한다. 감각이 작동하기 시작하고 뇌와 신경체계가 개발되면서 강아지는 갑작스럽게 새로운 세계를 접하고 두려움을 느낀다. 강아지의 삶에서 이 기간만큼 정신적인 압박감이 심한 기간도 없다. 이 기간에 강아지를 어미로부터 떼어내는 건 상상하기 힘들 정도로 잔인한 일이다.

다. 제3기 : 29~48일

이 기간의 강아지에게는 어미로부터 벗어나 자신의 주변 세계를 관찰하려는 욕구가 생겨난다. 이 기간을 거치면서 강아지의 신경 체계와 뇌는 성견 수준으로 발달하지만 아직 경험은 전무하다. 이 때부터 강아지는 사람을 인식하기 시작하고 목소리에 반응하기 시작한다. 강아지들 사이에서 서열이 결정되며 새로운 질서가 형성된다. 이 때 강아지 사이에 약간의 경쟁은 필요하지만 지나친 경쟁은 위험한다. 이 기간 동안 강아지의 학습능력이 형성되므로 강아지의 사고체계가 굳어지기 전에 어미견과 다른 강아지들로부터 격리할 필요가 있다.

라. 제4기 : 49~84일

이 시기에 강아지를 집으로 데려와서 살펴보면 강아지는 육체적으로 미성숙했지만 그의 두뇌는 성견 수준에 육박해 있음을 알 수 있다. 이 시기는 강아지의 삶에서 인간과의 관계를 확립시키기에 가장 적합하다. 이 때 접하게 된 훈련사의 모습은 강아지 뇌에 선명하게 각인되며 강아지에게 먹이를 주는 사람은 어미견으로 인식하게 된다. 이 시기에 형성된 강아지의 애착심은 앞으로의 교육과 생활방식에 커다란 영향을 미치게 되므로 훈련사의 중요성이 가장 강조되는 시기이다.

개는 제3기에 배웠던 내용을 행동으로 옮기기 시작하며 이제부터 학습능력이 왕성해져 더욱 많은 내용을 학습하면서 행동으로 옮기고자 시도하게 된다. 이 때는 간단한 게임의 형태와 명령어로 훈련시킬 수 있다. '앉아', '멈춰', '이리와', '따라와' 등을 배우고 개줄에도 익숙해진다. 새로운 견사에 익숙해지는 것도 교육과정의 하나이다. 이 시기에 강아지는 아이처럼 어떤 상황에서도 배우려고 할 것이므로 주변 환경이 매우 중요하다. 예를 들어 강아지는 환경에 따라 난폭한 불량배가 될 수도 있고 명견이 될 수도 있다. 이 시기에 강아지에게 형성된 관계들은 학습능력과 이후의 훈련에 중대한 영향을 미치게 되며 이제부터 강아지는 인간의 통제에 따라야 한다.

마. 제 5기 : 85~112일

강아지의 마지막 성장단계이다. 이 시기는 어린 개가 독립을 선언하는 시기이기도 하다. 사람과 개는 누가 주인인지 명확히 해야 하므로 제 4기에 이뤄졌던 기초훈련들은 이 시기에 큰 도움을 준다. 이제 게임은 끝나고 정식 훈련이 시작될 시기다. 제 4기에 인간과의 접촉이나 훈련을 받지 않은 개는 이 기간에 정상적으로 잠재력을 발휘하기 어렵다.

② 강아지 테스트

헌터라면 엽견 선택법에 대하여 귀가 따갑게 들어왔을 것이다. 좋은 강아지를 선택하는 것이 좋은 엽견으로 훈련시키는 첫걸음이기 때문이다. 강아지는 2개월 정도 됐을 때 엽견으로서의 장래성을 점쳐 볼 수 있다. 2개월이 되었을 때 조기훈련을 실시하기에 가장 적당한 때이기도 하다.

우선 좋은 강아지를 고르기 위한 구체적인 테스트 방법 몇 가지를 소개한다. 가능하면 이런 테스트를 실시한 후에 강아지를 선택하는 것이 좋다. 한가지 주의 할 점은 아침에 견사를 방문해야 강아지들이 활발해서 제대로 테스트 할 수 있다는 점이다.

강아지가 헝겊에 관심을 보이면 사냥본능이 있다고 판단할 수 있다.

1. 강아지의 사냥 본능 테스트

품종은 어떤 것이라도 상관없지만 사냥감에 대한 흥미와 포인하려는 본능을 선천적으로 타고난 강아지라야 한다. 그것은 말 그대로 본능이라서 사람이 가르쳐 줄 수 없기 때문이다. 이 점을 알아보는 데는 두 가지 방법이 있다.

첫째, 주위에 닭장이나 새장이 있다면 강아지들을 닭장이나 새장 근처에 풀어놓고 마음대로 뛰어다니게 한다. 강아지가 흥미를 보이며 그쪽으로 달려가면 사냥본능이 있다고 판단할 수 있다.

둘째, 닭장이나 새장이 없다면 적당한 길이의 막대, 줄이나 질긴 실, 헝겊을 준비한다. 막대에 줄을 매고 그 줄의 끝에 헝겊을 매단다. 이것을 마음에 드는 강아지 앞으로 가져다가 흔들어 본다. 강아지가 반응을 보이면 헝겊을 강아지 앞에 놓고 가만히 기다린다. 그러다가 강아지가 그것을 잡으러 뛰어오면 도착하기 바로 전에 슬쩍 뒤로 잡아당겨 약을 올린다. 이 방법의 가장 큰 목적은 '강아지가 헝겊을 언제 물까' 라는 점이 아니라 '강아지가 언제 포인할까' 라는 점이다. 강아지가 헝겊을 포인하거나, 아니면 아예 포인을 안할 녀석이라는 확신이 들 때까지 테스트를 계속하도록 한다. 끝내 포인을 하지 않는 강아지는 구입하지 않도록 한다. 혹시 견주가 그 강아지가 포인하는 걸 분명히 보았다고 주장한다면 다른 시간대에 다시 한번 시험해 보도록 한다. 이 테스트에서 헝겊을 포인한 강아지들만 따로 분류해 두어야 한다.

2. 성격 테스트

포인 테스트를 통과한 강아지 가운데는 지배의식이 강한 강아지도 있고 복종을 좋아하는 성격도 있다. 이 가운데 선호하는 성격을 지닌 강아지를 선택해야 한다.

'엽견은 모름지기 대담하고 지배적이어야 하지 않겠어!' 라고 생각하는 헌터가 있다면 다시 생각해 보기 바란다. 지배적인 성격의 강아지는 적극적인 수색을 하는 장점이 있기는 하지만, 직접 게임에게 접근해서 자신이 직접 처리하려고 하거나 가끔씩 주인의 권위를 시험하려 들기 때문이다. 따라서 강아지에게 시험을 당하고 싶지 않거든 다시 생각하는 것이 현명하다.

복종적인 성격의 개는 너무 소심해서 사냥을 제대로 할 수 없을 것이라고 생각하기 쉽지만 지나치게 걱정할 필요는 없다. 훈련하기에 따라서 복종적인 개라도 대담한 사냥을 하게 된다. 게다가 이런 개들은 주인에게 복종하는 일에 행복을 느끼는 경향이 있으므로 함께 지내거나 훈련하기에 훨씬 편하다. 대개의 경우, "지배적인 수캐는 덩치가 크고 지배적인 암캐는 소리가 크다." 이 두 마리를 좁은 장소에 함께 두면 서로 지배권을 빼앗으려고 으르렁거린다. 이런 개들은 일찌감치 피하는 것이 좋다.

그렇다고 너무 소극적이고 얌전한 개를 고르는 것도 문제가 있다. 싸움을 피하기 위해 동료들로부터 멀리 떨어져 있는 덩치 작은 강아지는 겁이 유난히 많고 지나치게 복종적일 가능성이 많으므로 피하는 게 좋다.

3. 대담성과 호기심 테스트

지금까지 선택된 강아지 중에서 가장 똑똑하고 대담한 강아지를 골라야 한다. 어떤 강아지가 왕성한 호기심으로 주위를 탐색하는가. 또 어떤 강아지가 주인에게 가장 많은 호기심을 갖고 접근하는가. 여기서 가장 높은 점수를 받은 강아지를 선택하면 된다.

그래도 정확하게 판단이 안 선다면 다른 방법을 동원해 본다. 우선 철제 양동이 두 개를 가져다 갑자기 '쾅쾅' 치도록 한다. 강아지들의 청각에 해를 끼칠 위험이 있다면 주먹으로 두드려도 좋다. 이렇게 큰 소리를 내면 강아지들은 놀라서 어미를 찾아 달려갈 것이다. 혹시 전혀 무서움을 느끼지 않는 강아지가 있다면 지적 판단능력이 모자라는 강아지이므로 제외시켜야 한다.

도망친 강아지들을 대상으로 얼마나 멀리까지 도망쳤는 지 잘 살펴보도록 한다. 똑똑하고 용감한 녀석은 일단 도망을 간 후 멀리까지 가지 않고 금방 뒤돌아서서 소리의 원인이 무엇인지 알아보려고 한다. 이런 행동을 하는 강아지를 고르면 된다.

4. 회수본능 테스트

지금까지의 테스트를 모두 통과한 강아지라면 괜찮은 편이다. 그러나 아직 한 가지가 빠졌다. 바로 회수 본능이 있느냐 하는 점이다. 대부분의 개들은 어느 정도 '회수' 본능을 타고 나게 마련이다.

　장갑이나 테니스공을 강아지 앞으로 던져줘서 그것을 물어오는 강아지가 있다면 아주 좋은 개다. 그런 강아지가 있다면 거의 환상적인 엽견이라 할 수 있고 더 이상 생각할 필요도 없다. 이런 강아지가 여러 마리 있다면 그 중에서 마음 내키는 대로 골라도 된다.

"졸다가 놓쳐요"

Ⅲ 엽견의 훈련

엽견선택

조기훈련

성견훈련 및 보충훈련

이칼라(E-collar)를 이용한 훈련

낚싯대를 이용한 훈련

동조포인까지 할 수 있는 개는 비로서 완성된 엽견이라 할 수 있다

Ⅲ 엽견의 훈련

1 엽견 선택

1. 엽견 선택시 고려사항

엽견은 목표로 하는 게임, 수렵할 엽장의 지형, 기후, 식물 분포 상태, 헌터의 체력, 연령, 엽력(獵歷), 사육환경 등에 따라 선택하여야 한다.

(1) 게임의 설정

수조류(水鳥類)인 오리류의 게임으로 할 것인가, 육조류(陸鳥類)인 꿩, 멧비둘기 등의 게임을 목표로 할 것인가, 또는 수류(獸類)인 멧돼지 고라니 등을 목표로 하느냐에 따라 선택도 달라진다.

오리를 게임으로 설정했다면 회수전문견인 리트리버견이 적당하다.

수조류가 목표라면 세터, 리트리버 등이 좋고 육조류가 목표라면 포인터류, 세터류를 선택하는 것이 좋다. 산짐승이 목표라면 하운드종, 라이카, 비글, 테리어종 등을 선택하는 것이 좋다. 우리 나라의 수렵견은 기후의 특성에 따라 다양한 견종을 혼합하여 이용하고 있다.

(2) 엽장의 조건

초원 지대와 같은 광활한 지역인가, 산악 지대인가 등 엽장의 조건에 따라 적합한 견종을 선택해야 한다.

(3) 엽장의 식물 분포 상태

엽장이 가시밭이 많은 험난한 곳일 경우 엽견의 성질, 체모 등을 감안해서 선택해야 한다.

(4) 엽장의 기후

기온, 적설량 등 지형과 엽장의 기후는 엽견 선택에 절대적인 요건이 된다.

(5) 헌터의 체력

헌터 자신의 체력, 보행능력 등을 감안하여 무리하지 않게 사용할 수 있는 견종을 선택해야 한다.

(6) 헌터의 가정 조건

가정에서는 헌터만의 애견이 될 수 없으므로 가족 전체가 좋아하는 견종을 선택할 필요가 있기 때문이다. 가족 전체의 인기를 누릴 수 있는 견종이어야 더 많은 사랑을 받을 수 있다.

초심자일수록 우수한 혈통과 훈련이 잘된 엽견을 구입해야 한다. 우수한 엽견은 명견 계통에서 배출되고 훈련이 잘 돼 있어야 사냥이 즐겁기 때문이다.

조렵, 특히 꿩사냥의 진미를 느끼려면 엽견 구입에 인색하지 말아야 한다.

2. 엽견의 특성

"모든 것을 잘 할 수 있는 엽견은 없다"는 말이 있는데 그것은 각 종마다 특성이 다르기 때문이다. 따라서 그 지역의 특수한 여건에 맞고 그곳에서 흔히 볼 수 있는 게임에 알맞는 엽견이 좋은 엽견이라고 할 수 있다.

좋은 엽견을 고르기 위해서는 우선 그 종의 특성을 잘 알아야 한다. 예를 들면 잉글리쉬 포인터와 세터는 넓은 평원에서 조류 사냥에 알맞다.

엽장이 좁고 은신처가 많은 곳에서 잉글리쉬 포인터와 셋터로 사냥을 하려면 멀리 가지 않도록 훈련을 시켜야 한다.

아니면 아예 브리타니나 저먼숏헤어드포인터처럼 멀리 가지 않

스프링거 스파니엘은 헌터 앞에 붙어다니면서 새들을 날려준다.

는 종을 선택하는 것이 좋다.

기능별로 보면, 꿩사냥에 필수적으로 포인하는 개는 잉글리쉬 세터와 포인터, 저먼숏헤어드포인터, 브리타니, 고든셋터 등이 있다.

포인팅 견들은 엽조를 발견하고 그것을 꼼짝 못하게 붙들어 두는 습성이 있다. 그리고 새가 날거나 총이 발사되어도 위축되지 않아야 한다.

떼꿩이 날 때 이것은 매우 중요한데, 여러 마리의 꿩을 다 쏠 때까지 기다릴 수 있어야 한다.

매사냥에 이용하며 날리기만 하는 플러셔로는 잉글리쉬 스프링거 스파니엘이 대표적이다. 헌터 앞을 다니며 새를 찾아서 날리는데, 꿩사냥에도 능숙하다. 스프링거는 휘슬과 수신호에 응할 수 있어야 하며 새가 날거나 총이 발사되면 멈추어야 한다.

리트리버는 라브라도와 골든 리트리버가 대표적이다.

시즌 초기의 두터운 은신처를 누비고 다니기에 충분한 지구력을 가졌다.

리트리버는 주인 옆에 앉아 있다가 게임이 떨어지면 회수해 온다.

오리사냥에 인기있는 라브라도는 훈련시키기가 매우 쉬운 장점이 있다. 라브라도는 죽은 게임이나 부상당한 게임을 물어오는데 탁월하다.

최근엔 제법 수색하며 꿩을 찾고 포인하기도 한다. 리트리버는 어떠한 상황에서도 게임을 회수할 수 있어야 한다.

주로 오리사냥에서 헌터의 곁에 얌전히 앉아 기다리다가 게임이 떨어지는 것을 지켜본 후 헌터의 명령이 떨어지면 그것을 회수해 온다.

게임이 떨어지는 것을 보지 못했을 경우 헌터가 휘슬이나 수신호로 가리키는 방향을 이해할 수 있어야 한다.

그것은 리트리버 견에 있어 매우 중요한 부분이고 오리 사냥에서 특히 유용하다.

3. 혈통의 중요성

최고의 엽견을 소유하는 데 혈통의 중요성은 논쟁할 여지가 없다. 개를 훈련시키는 훈련사이거나 개를 번식시키는 전문 브리더나 사냥 경험이 많은 수렵인일수록 혈통의 중요성을 더욱 강조한다.

헌터들은 그 특유의 우월성으로 개의 심리를 파악하고 그에 적절하게 훈련시키는 방법을 알고 있어야 한다. 혈통이 좋은 개든 나쁜 개든 훈련 방법은 비슷하다. 하지만 결과는 천차만별이다.

단 한 번에 우수한 강아지를 선택했다면 10년을 즐거움으로 보내지만 질이 떨어지는 강아지를 선택했을 때는 고생도 고생이려니와 금전적인 손해와 더불어 짜증만 가중된다.

더구나 개를 평가하는 기준이 자기가 가지고 있던 개 수준에 맞춰져 있어 명견을 고르는 수준이 떨어진다.

우수한 사냥개를 선택하기 위해서는 부모견도 확인해야 한다.

물론 순종 혈통에 대해서도 논란의 여지는 여전히 남아 있다. 순종의 정의를 내리자면 영국 포인터이든, 독일 포인터이든 그 강아지가 성장하면서 나타나는 개체간의 특성이다.

각 견종마다 독특하게 가지고 있

는 체형과 이빨과 골격의 균형, 모질과 모색 그리고 저마다의 개성으로 나타내는 사냥능력을 이어받고 있다.

무엇보다 중요한 것은 후대로 이어지는 유전자의 고정을 통해 독특한 개체군을 이뤄야 비로소 그 견종을 순종이라 할 수 있다.

그러나 품질이 떨어지는 순종들을 의외로 쉽게 발견할 수 있는데, 예를 들면 세터에서 '고관절 이형성'이 나타나는가 하면 소형견인 브리타니에서도 소형견임에도 둔부형성 장애와 슬개골 탈구가 나타나기도 한다.

독일 포인터는 '외번증'이라는 속눈꺼풀 돌출이 나타나기도 하며, 영국 포인터에는 아랫니가 돌출되는 오버숏트 등이 발견되는 경우도 있다. 이런 일을 예방하기 위해 헌터 자신의 노력이 절실한데, 그 방법은 다음과 같다.

1) 각 견종의 전문견사를 방문해 볼 것

2) 마음에 드는 강아지를 점찍어 놓고 관찰할 것

3) 강아지의 조상견과 최소한 그 부모견의 사냥능력과 유전적인 결함은 없는지 체크해 볼 것

4) 사육사의 말을 비판적으로 이해할 것

5) 사냥개의 번식을 엄격히 관리할 것

② 조기훈련법

강아지를 키우다보면 아이들 키우는 것과 어쩌면 그렇게 비슷한 가 싶을 때가 있다. 애정을 보이면 보인만큼, 교육을 시키면 시킨 만큼 그렇게 달라지는 것이 아이들과 강아지의 공통점이다. 게다가 직접 개를 훈련시키면 주인과 개 사이에 믿음도 생기고 마음이 통하게 되니, 정말 권장할만한 일이다.

그러나 한번도 훈련을 시켜보지 않은 사람은 선뜻 시작하기가 어렵다. 구체적으로 어떻게 무엇을 해야 할지 감을 잡을 수 없기 때문이다. 여기서 소개하는 2개월 강아지 조기훈련법은 개를 훈련시킨 경험이 거의 없고 시간도 많이 낼 수 없는 사람들을 위한 것이다. 이 훈련은 강아지의 생애에서 가장 민감하고 중요한 시기(생후 2~4개월)에 실시한다. 그리고 강아지의 사냥본능을 일찍 깨우쳐 주는 데 도움이 된다. 이 훈련은 넓은 공터에서 실시하면 더욱 효과적이다.

1. 새로운 환경에 적응시키기

어미와 형제들에게서 떨어져 새로운 환경에 처한 강아지는 겁을 먹고 서먹서먹해진다. 그러므로 훈련에 앞서 강아지가 새로운 환경에 적응할 시간을 주어야 한다. 주인이 애정을 가지고 보살피면 보다 빨리 적응할 것이다.

(1) 잠자리 정해주기

어떤 생물이든 마음의 안정을 갖기 위해서는 자신만의 아늑한 보금자리, 즉 잠자리가 있어야 한다. 강아지는 어떤 곳에 잠자리를 정해 주어야 좋을까. 추천할 만한 순서대로 나열해 본다.

첫째, 집안에서 가족들과 함께 지내게 하는 방법이 가장 좋다. 엽견을 집안에서 키우면 애완견처럼 애교만 부리게 된다고 걱정하는 헌터들도 있지만 오히려 주인과 함께 지내면서 마음이 통하게 되고 서로의 요구에 바로 응답할 수 있게 되는 장점이 있다.

헌터와 엽견은 실렵에서 한 팀을 이루게 되므로 마음이 통할 수 있는 점이 가장 큰 장점이다. 물론 개를 집 안에서 키우기란 매우 어려운 일이다. 냄새도 냄새려니와 이것저것 물어뜯고 망가뜨리는데 도저히 견딜 재간이 없다. 그런 것까지 꾹 참아가며 함께 지내면 그 강아지는 주인에 대한 충견으로 철저한 숭배자가 될 가능성이 높다.

둘째, 마당의 나무 등에 줄로 매어 두는 방법이 있다. 다른 장소로 이동시킬 때 줄만 잡아끌면 되므로 편하다. 마당에서 키우기 위해서는 실외 견사를 마련해야 한다.

주의할 점은 따로 견사를 만들어 키울 경우, 강아지가 사람에 대해 두려움을 느끼면서 견사에서 안 나오려는 단점도 있다. 일반적인 견사 대신 캐리어(carrier, 운반상자)를 이용하기도 하는데, 평소에 개의 잠자리로 사용하다 사냥 갈 때 차에 싣고 원래의 용도

대로 사용할 수 있다.

이는 개가 차로 이동하는 동안에도 보금자리 안에 있다는 심리적 안정감을 가질 수 있다.

셋째, 되도록이면 같은 연령의 강아지들과 함께 두는 것은 피하도록 한다. 강아지들과 서로 장난치고 노느라고 주인에 대한 관심이 줄어든다.

늙은 개와 함께 지내도록 하는 것은 최악의 방법이다. 늙은 개는 서열을 따지려 하기 때문에 강아지가 그 개를 리더로 여겨 주인보다 더 복종하는 경향이 있기 때문이다.

*마지막*으로, 일단 보금자리가 정해지면 그 곳은 강아지만의 영토로 인정해 주어야 한다. 강아지가 잘못을 저질렀어도 이 안식처로 도망쳐 버리면 그것으로 끝내야지, 억지로 끌어내서 책임을 추궁하면 심리적으로 불안한 개가 되어 버린다.

강아지는 어미와 형제들로부터 처음 떨어진 며칠 동안은 낑낑 울면서 보낸다. 너무 울어서 문제가 될 경우라면 당분간 타월에 알람시계를 싸서 개집에 놓아두도록 한다. '똑딱똑딱' 하는 소리가 어미개의 심장박동소리처럼 느껴져서 강아지가 조용해질 것이다.

(2) 용변훈련과 먹이주기

강아지는 맨 처음 배설한 장소에 배설하는 습관이 있다. 그러므로 집에 데려온 첫 날부터 철저하게 용변훈련을 시작해야 한다. 아침에 잠이 깨자마자 강아지를 마당 구석으로 데리고 가 여기가 앞으로 용변장소라는 사실을 인지시키도록 한다. 복잡하지 않게 개집에서 직선코스에 용변장소를 정해야 강아지가 장소를 익힐 수 있다. 실내의 경우 예정된 장소에 신문지 등을 깔아 주는 것도 좋은 방법이다. 먹이는 아침 저녁으로 일정한 시간을 정해두고 준다. 그렇게 하면 용변시간과 먹이 주는 시간을 일정하게 지킬 수 있다.

(3) 이름짓기

개 이름이 길면 과연 안 좋은 걸까. 개는 머리가 나빠서 긴 이름은 잘 기억하지 못하기 때문에 한 음절(예 : 쫑)로 된 것이 좋다고 하는 헌터들도 있지만 아직까지 과학적인 증거는 없다. 오히려 한 음절로 된 이름은 신경쓰고 듣지 않으면 못 듣고 지나칠지도 모른다. 음절수보다는 발음하기 쉽고 명확하며 자주 사용하는 명령어(이리와, 찾아와, 멈춰 등)와 붙여서 사용 할 때 어색하지 않는가를 고려해야 한다.

외국 엽견 도서에 수록된 개 이름으로 '벅샷(Buckshot)', '버드샷(Birdshot)' 등이 있으며, 우리말로 된 이름 중에도 부르기 좋고 알아듣기 쉬운 이름이 있을 것이다.

주의할 점은 강아지는 자기 이름이라는 것을 금방 깨닫지만 오래 기억하지는 못한다. 그래서 수시로 이름을 불러주어야 잊지 않는다. 한 가지 더 명심해둘 게 있다. '이리와', '따라와' 등의 명령어는 이름과 함께 사용하는 게 좋지만 '멈춰'는 이름과 함께 사용하지 말아야 한다. 개는 자기 이름을 들으면 그쪽으로 따라가는 경향이 있어 '이리와', '따라와' 등의 명령어에 이름을 붙이면 그 명령어를 한층 강조하는 효과가 있지만 '멈춰'의 경우는 상충되는 의미를 가지게 되므로 개가 혼란스러워 할 수 있기 때문이다.

2. 훈련

본격적인 훈련에 돌입하기 전에 꼭 기억해둬야 할 점이 있다. 그것은 강아지의 지적 수준이 기껏해야 어린아이, 그것도 갓난아이의 수준밖에 되지 않는다는 점이다. 그래서 쉽게 이해한 것일지라도 계속 반복훈련을 시키지 않으면 곧 잊어 버리게 된다. 또 강아지마다 그 능력이 모두 천차만별이다. 이 점을 기억하여 처음부터 강아지에게 너무 많은 기대를 하지 않는 게 좋다. 생후 두 달 이후부터 실시하게 될 조기훈련은 '강아지와 함께 시간을 보내기 위한 놀이' 정도로 생각하면서 가벼운 마음으로 실시해야 한다.

목걸이를 맨 강아지는 거북스러워하지만 곧 익숙해진다.

(1) 구속하기

가. 목걸이 매기

강아지가 새 보금자리

에 익숙해지면, 곧 목걸이를 매야 한다. 목걸이는 개가 발버둥을 쳐도 풀리지 않는 것을 골라서, 어른 손가락 두 개가 들어갈 만큼 느슨하게 맨다. 강아지는 빨리 자라기 때문에 자주 확인해서 목걸이가 너무 꽉 조이는 일이 없도록 주의해야 한다. 대개 처음 목걸이를 맨 강아지는 거북스러워 할 것이다. 마치 어린이가 처음 이발을 할 때처럼 낯설고 부자연스러워서 그러는 것이니 걱정할 필요는 없다. 몇 번 발로 목걸이를 긁어대다가 벗겨지지 않는다는 사실을 깨달으면 결국 체념하고 만다.

나. 줄에 묶어놓기

강아지가 목걸이에 익숙해지면 다음 차례는 줄에 익숙해지도록 한다. 줄을 목에 매단 채 하루 정도 마음껏 돌아다니게 한다. 그러면 강아지는 그것을 질질 끌고 다니면서 장난을 칠 것이다. 하루가 지나면 줄도 자기 신체의 일부처럼 생각하게 된다. 줄에 익숙해지면 다음 날부터 '구속하기'를 시작한다. 줄을 개집, 울타리, 나무 등에 약 15분간 묶어 둔다. 강아지는 줄에서 벗어나려고 안간힘을 쓰고 화난 듯이 짖어대기도 하겠지만 결국 얌전해질 것이다. 혹시 개가 줄을 질겅질겅 씹어대면 가벼운 쇠사슬로 바꿔주는 게 안전하다. 다음 날은 묶어두는 시간을 5분 정도 더 연장한다. 이렇게 매일 시간을 늘려가며 개가 구속상태를 아무 저항없이 받아들일 때까지 계속 매어둔다. 구속하기는 아주 기본적인 것이지만 다음 단계인 '자유롭게 놀기' 후에 강아지가 즉시 줄을 받아들이도록 하려면 처음부터 길을 잘 들여야 한다.

(2) 자유롭게 놀기

"이것도 훈련이야?"라고 반문하는 헌터가 있을지 모르지만 구속에 익숙해진 강아지는 넓은 마당이나 엽장에 풀어주면 무엇을 해야 할지 몰라 겁을 먹게 된다. 이런 상태로 덜컥 사냥시즌을 맞이하고 개를 엽장으로 데리고 가면 결과는 뻔하다. 처음으로 자유를 만끽한 개는 흥분과 동시에 두려움을 느끼기 때문에 겁먹은 표정으로 주인 옆에서 한시도 떨어지려 하지 않는다. 결국 주인은 실망만 안은 채 돌아오게 된다. 이런 겁쟁이는 조렵견으로 아무런 쓸모가 없다. 그런 까닭에 '자유롭게 놀기' 훈련이 필요한 것이다.

강아지는 마음대로 뛰어노는 동안 세상에 대한 호기심과 자신감을 배운다. 강아지를 자유롭게 풀어놓기에는 시골만큼 좋은 곳이 없다. 아침마다 줄을 풀어주고, 하고 싶은 대로 하도록 내버려 두면 강아지는 저 혼자 세상을 탐색하고 모험을 경험한다. 그러는 동안 강아지는 다른 생물들을 대하는 방법을 배우고, 게임에 대한 포인본능도 회복하게 된다. 도시에 사는 헌터는 마당 한쪽에 펜스(fence)를 설치하면 그 안에서 자유롭게 뛰어놀 수 있다. 시골의 넓은 마당보다야 못하겠지만 그런대로 도움을 줄 수 있다. 펜스는 사방이 철망으로 된 일종의 '동물우리'라고 할 수 있다. 이 안에서 강아지는 날개달린 모든 생물 즉 나비, 벌, 파리 등을 발견하게 되고 포인의 본능을 계발할 수 있게 된다. 펜스는 가급적 넓게 만드는 것이 좋다.

(3) 후각 훈련

개는 태어나는 순간부터 탁월한 후각 능력을 발휘할 수 있을 것 같지만 사실은 그렇지 못하다. 오히려 자신의 후각능력을 제대로 이용하지 못하는 개들이 더 많다. 타고난 후각을 발전시켜야 할 시기에 제대로 훈련을 받지 못했기 때문이다. 선천적으로 후각능력이 약한 개도 있다. 선천적인 능력보다 더 중요한 것이 사냥에 대한 관심이다. 뛰어난 후각능력을 가지고 태어난 개라도 사냥에 흥미를 못 느낀다면 그 능력을 제대로 발휘하지 못한다. 이런 개보다는 차라리 후각능력은 평범하더라도 사냥에 대한 열정과 사냥감에 대한 흥미가 많은 개가 더 훌륭한 조렵견이 될 수 있다.

❖ **훈련 법**

(그림)　A ————————→ B

2m

고기를 땅에 끌어서 냄새가 배도록 하고 그 다음 강아지가 고기를 찾게 한다.

후각 훈련에서는 개가 좋아하는 고기나 장난감을 주로 사용한다. 냄새가 잘 퍼지는 고기가 더 좋은 것은 당연하다.

① 마당 한 지점 A에서 약 2m 지점의 B까지 고기를 직선으로 끌고간다. 고기를 끄는 방향은 역바람 방향이다. 이 작업을 하는 동안 강아지가 눈치채지 못하도록 보이지 않는 곳에 묶어 놓아야 한다.

② B 지점에 고기가 보이지 않도록 잘 숨긴다.

③ 강아지를 데려와서 잠시 동안 어떻게 반응하는지 본다.

④ 강아지가 고기냄새를 전혀 느끼지 못하는 듯 하면 A 지점으로 가서 강아지를 부른다.

⑤ 웅크리고 앉아서 강아지의 코 근처에 고기냄새가 밴 손가락

출발지점으로 강아지를 불러 고기냄새를 맡을 수 있도록 손가락을 대준다.

을 댄다. 강아지가 반응을 보이면 즉시 손가락을 치운다.

⑥ 몇 발자국 뒤로 물러나면서 손가락을 A 지점에 댄다. 강아지가 킁킁 냄새를 맡으면 손가락을 치운다. 강아지는 잔디에 남아 있는 냄새의 잔향을 감지할 것이다.

⑦ 새로운 명령을 내린다. "찾아와" 바람의 역방향으로 고기를 끌고 갔으므로 냄새가 쉽게 강아지의 코에 감지된다. 강아지가 냄새를 추적하여 결국 숨겨놓은 고기를 발견하면 기쁜 표정으로 칭찬을 해 준다. 칭찬은 강아지의 사기를 높여 줄 뿐 아니라 주인에 대한 애정을 깊게 한다.

다음 날은 조금 더 어렵게, 즉 고기를 순바람 방향으로 끈다. 그러면 강아지가 냄새를 찾기가 전날보다 어려워진다. 강아지가 이 훈련에 익숙해지면 A와 B의 간격을 점점 넓혀 준다. 그렇게 순풍, 역풍 번갈아가며 간격이 15m에 이를 때까지 계속한다. 그것도 익숙해지면 A와 B 사이의 코스를 직선이 아니라 더 복잡한 형태로 만든다.

그런데 A와 B 사이의 간격이 멀어질수록 고기를 끄는 동안 찢어지고 닳아서 15m까지 끌고가기가 어렵게 될 수도 있다. 그렇다면 헝겊에 꿩이나 메추리 체취액(전문점에서 취급)을 몇 방울 묻혀서 그걸 대신 끄는 방법을 쓸 수도 있다. 이 훈련은 1주일에 2~3번만 하면 족하다. 강아지는 이 훈련을 통해서 코를 이용해 게임을 찾아내는 방법을 배우게 된다. 그리고 실제 엽장에서 부상당한 꿩이 도 망가는 것을 찾아야 할 때 이 기술을 그대로 응용하게 될 것이다. 또 '찾아와'라는 명령어의 의미를 이해할 수 있게 된다.

조기훈련이 막바지에 이를 무렵이 되면 강아지도 고기를 익숙하게 찾아낼 것이다. 그 때는 1주일에 1회 정도로 훈련횟수를 줄인다. 이 과정에서 주의할 점은 강아지가 기대만큼 잘 하지 못하더라도 절대로 화를 내거나 큰 소리로 야단을 쳐선 안 된다. 다시 말하지만 조기훈련의 모든 과정은 강아지를 위한 놀이로 여겨야 한다. 그저 강아지가 사냥에 대한 흥미를 느끼게 되고 주인과 함께 신뢰를 높이는 것만으로도 훈련의 성과는 큰 셈이다.

(4) '안돼'

이 훈련은 강아지를 집에 데려온 지 3일째 되는 날부터 실시하되 따로 시간을 정해서 하는 것이 아니라 생활하면서 개가 무엇인가 잘못을 저지른 순간 바로 실시한다. 이 과정에서 주인은 '강아지를 야단치는 법'을 배우게 되고 강아지는 '안돼'라는 명령어의 의미를 깨닫게 된다. 강아지가 사람에게 뛰어오른다거나 신발을 물어뜯을 때, 물건을 훔칠 때가 이 훈련을 실시하기에 적당한 기회이다.

그러나 강아지가 잘못을 저질렀다고 매를 드는 것은 너무 과격한 행동이므로 대신 큰 소리로 '안돼'라고 야단을 친다. '안돼'의 의미를 강아지에게 쉽게 전달하려면 어미개가 강아지를 야단치는 모양을 흉내내는 것이 가장 효과적이다. 말하자면 개의 언어로 가르쳐야 강아지가 즉각 반응을 하게 되는 것이다. 대체로 다음과 같은 순서로 하면 효과적이다.

① 양손으로 강아지 목의 물컹한 부분을 움켜잡는다.

② 당신의 눈높이까지 강아지를 들어올리면서 또렷한 목소리로 '안돼' 라고 엄하게 말한다.

③ 얼굴을 강아지에게 바짝 들이대서 개의 눈을 마주보며 강아지를 조금 흔든다. 그리고 다시 한번 '안돼' 라고 거칠게 말한다.

④ 잠시 동작을 멈추고 강아지의 눈을 똑바로 쳐다본다. 개가 손 안에서 버둥대고 있으면 아직도 잘못을 느끼지 못한 것이다. 그렇

강아지를 눈높이까지 들어 올리면서 '안돼' 하고 엄하게 말한다.

다면 다시 '안돼' 라고 소리치며 흔들어 준다.

⑤ 개가 버둥대기를 포기하면 잠시 그대로 잡고 있다가 바닥에 내려놓고 아직도 버둥대면 다시 한번 호통 친다. 이 과정에서 복종적인 성격의 똑똑한 개라면 단 한 번만으로도 '안돼' 의 의미를 깨닫지만, 덜 똑똑한 개는 여러번 반복해야 겨우 이해할 것이다. 한가지 유의할 점은 다른 훈련을 실시하고 있는 동안은 절대로 '안돼' 라는 명령어를 사용하지 말라는 점이다. 예를 들어 후각 훈련에서 게임이나 음식과 관련된 훈련에서 이 명령어를 사용하면 엽장에서 사냥감에 접근하기를 회피하는 부작용을 낳을 수 있다.

(5) '이리와 · 따라와 · 멈춰'

먹는 일은 개에게 아주 중요한 일이므로, 이 시간을 잘 이용하면 힘들지 않게 명령어를 기억시킬 수 있다. 강아지는 이미 후각 이용하기 훈련을 통해서 '이리와' 라는 명령어에 어느 정도 익숙해져 있지만 먹이를 줄 때마다 다시 '이리와' 라고 불러 주면 이 명령어가 항상 자신에게 좋은 혜택을 준다고 생각해 더욱 복종하게 된다. 이 과정을 반복하면 어떤 상황에서도 즉시 달려온다.

① 개 밥그릇을 들고 강아지를 부른다. '이리와'. 개가 금방 달려오겠지만 혹시 머뭇거린다면 개의 높이로 몸을 낮춘다. 사람이 몸을 낮추고 앉아 있으면 개는 마치 초대를 받은 듯 마음놓고 다가

밥그릇을 강아지의 코높이 정도로 낮추고 '따라와' 라는 명령
을 한다.

'멈춰' 명령을 내리면서 동시에 강아지가 움직임을 멈추도록
통제한다.

온다.

② 밥그릇은 개가 냄새를 맡을 수 있을 정도의 높이만큼 낮게 잡는다. 그러나 아직 바닥에 내려놓지는 않는다.

③ '따라와'라고 명령하고 몇미터 걸어간다. 강아지는 코를 그릇에 가까이 대고 미친 듯이 따라 올 것이다. 혹시 먹는 것보다 뛰어다니는 것을 좋아하는 개라면 목에 맨 줄로 통제한다. 그러나 대부분은 음식냄새에 적극적인 반응을 보이게 되어 있다.

④ 걸음을 멈추고 밥그릇을 개에서 멀찌감치 내려놓는다. 그리고 '멈춰'라는 제지명령을 내리고 동시에 강아지를 몇 초 동안 움직이지 않게 통제한다.

⑤ 강아지가 '멈춰' 명령에 멈춰서면 바로 그 지점에서 먹이를 먹게 해준다. 더불어 잘했다는 칭찬도 해준다. "잘했어. 착하구나!"

개가 명령을 제대로 이해하지 못했어도 밥그릇을 완전히 빼앗아 버리면 안 된다. 그저 명령이 내려진 순간 멈춰야 했던 지점에 밥그릇을 놔줌으로써 어느 지점에 서야 하는지 참을성있게 가르쳐준다. 밥을 완전히 빼앗아 버리면 앞으로 '멈춰'라는 명령을 들을 때마다 자신의 먹이를 빼앗기게 될까봐 안절부절 못하며 신경질적인 반응을 보이게 될 것이다. 이런 개는 엽장에서 포인 자세를 계속 유지하라는 의미로 '멈춰'의 명령을 내렸을 때도 똑같은 반응을 보이게 된다.

⑥ 개가 처음 '멈춰' 명령에 몇 초 동안 자세를 유지하고 있는지 시간을 잰다. 만약 5초 동안 멈추어 있었다면 이후 며칠간은 10초 동안 '멈춰' 상태를 유지하도록 한다.

그리고 10초에 익숙해지면 이틀마다 몇 초씩 시간을 늘린다. 밥 그릇을 건네주기 전 1분 동안 움직이지 않고 기다리게 될 때까지 계속 시간을 늘린다.

이 훈련을 하는 동안 매일 장소를 이동하면 개의 이해력이 떨어지므로 개가 완전히 익숙해질 때까지 한 장소에서 실행하도록 한다. 완전히 숙달되면 두 번째 장소를 정하여 그곳에서 같은 훈련을 반복한다. 두 번째 장소에도 익숙해지면 첫 번째 장소와 두 번째 장소를 번갈아 가면서 훈련한다. 이것을 완전히 이해한 듯 보일 때 세 번째 장소로 옮긴다.

명령이 사방 어느 곳에서라도 내려진다는 것을 강아지에게 완전히 이해시키려면 적어도 4~6군데의 다른 장소에서 한가지 명령에 익숙해지도록 훈련해야 한다.

주의할 점은 '멈춰' 훈련과 '이리와' 훈련을 함께 실시하면 안 된다는 점이다. 이 두 단어가 논리적으로 반대되는 개념이기 때문이다. 지금 훈련시키고 있는 강아지가 겨우 2개월이 조금 넘었을 뿐이므로 상충된 의미의 두 단어는 강아지를 매우 혼란스럽게 만든다. 강아지가 각 명령어를 정확히 이해하기 전에는 반대되는 개념의 명령어를 한꺼번에 사용하지 않는 것이 좋다.

(6) 엽장수색의 기초

수색훈련은 '엽장 4등분하기' 부터 시작한다. 넓은 엽장을 탐색하는 방법을 훈련시키기 때문이다.

실전에서는 훈련에서와 다르지만 꿩사냥의 기본전술이기 때문에 반드시 거쳐야 하는 과정이다. 필요한 준비물은 휘슬(whistle) 두 개가 붙어 있는 이중휘슬 이어야 한다.

한 쪽은 교통순경이 사용하는 것과 같은 소리가 나고, 다른 쪽은 안에 구슬이 들어 있지 않아 소리에 떨림이 없고 부드러운 소리가 나는 것이다.

이 훈련에 사용할 휘슬은 구슬이 들어 있지 않은 휘슬이다. 간혹 큰소리로 훈련하면 될 것을, 굳이 휘슬 사용을 거부하는 헌터가 있다. 이는 큰소리로 명령하면 게임이 모두 달아나 버린다는 사실을 생각하지 못한 것이다.

휘슬은 동물들에게 새소리처럼 느껴지므로 훨씬 안전하다. 그렇다고 과용하면 소용없고 꼭 필요할 때만 사용하는 절제가 중요하다. 훈련장소는 넓은 목초지나 초원이 좋다.

❖ 훈련 법

① 강아지를 훈련장소로 데려간다. 낯선 장소에 도착한 강아지는 겁을 먹고 주인 곁에 붙어 있으려고 한다. 이 때 강아지 스스로 지루해져서 움직이기 시작할 때까지 그대로 꼼짝말고 서 있도록

한다.

② 심심해진 강아지는 무엇인가 재미있는 것을 찾아 슬슬 주위를 탐색하기 시작한다. 일단 용기를 내서 몇미터 앞으로 나간 강아지는 주인이 그대로 있음을 확인하기 위해 뒤를 돌아본다.

③ 바로 이 순간, 속이 빈 휘슬을 두 번 길고 부드럽게 분다. 동시에 손으로 개가 달려갔던 반대 방향을 가리키면서 그쪽으로 걸어간다.

④ 강아지는 돌아서서 주인을 따라 뛰어올 것이다. 개가 당신을 따라잡아 앞으로 달려가게 그냥 둔다.

⑤ 강아지가 다시 스스로 뒤돌아보는 순간 휘슬을 불고 손짓으로 옆방향을 가리키고 그쪽으로 걸어간다. 혹시 강아지가 성격이 대담해서 훈련사 앞으로 15m 이상 뛰어가 뒤를 돌아보지 않으면 휘슬을 분다. 그러면 강아지가 멈춰서서 당신을 돌아볼 것이다. 그때 손짓으로 다시 지시하고 명령한다.

다시 정리해보자. 강아지가 처음에 ⇐ 방향으로 뛰어갔고 그 다음에는 ⇒, ⇑, ⇓ 방향으로 뛰게 했다. 이렇게 엽장을 4등분하여 탐색하는 방법을 익히는 것이 이 훈련의 주요 내용이다.

여러 번 반복한 후에 쉬면서 강아지를 쓰다듬어 준다. 너무 지나치게 많이 하면 강아지가 싫증을 느끼게 되니 일주일에 2~3번만 실시한다. 휘슬을 불 때 짧게 '횟' 하고 부는 것은 명령이 될 수 없다. 그렇게 불면 호흡이 짧아서 금방 '횟' 하고 두세 번 다시 불어야 한다. 이렇게 여러 번 불면 강아지는 모두 다른 명령어라고 생각하고 우왕좌왕하게 된다.

'삐~' 하고 길게 불어줘야 하는데, 이렇게 불어야 개가 반응을 보일 때까지 지속적으로 불수 있기 때문이다.

(7) '물어와'

이번에는 회수훈련이다. 준비물은 테니스 공이다.

① 공을 벽에 가볍게 던지면 땅에 두세 번 튕기면서 굴러갈 것이다. 개는 본능적으로 움직이는 것을 쫓아가는 습성을 타고났다. 그래서 굴러가는 공에도 흥미를 느끼며 따라간다.

② 강아지가 공을 잡으면 '이리와' 라고 명령한다.

③ 공을 입에 물고 오면 칭찬 해주면서 잠시 동안 그대로 공을 갖고 있도록 허락해준다.

④ 강아지가 공을 물어오지 않았다면 직접 공을 주워온다.

⑤ 물어온 공을 건네 받은 후 다시 던지면서 '물어와' 라고 말한다. 강아지는 다시 공을 따라 갈 것이다. 세 번 정도 그렇게 한 후 칭찬을 해주고 그 날의 훈련은 끝낸다. 하루에 너무 많이 반복하면 금방 싫증을 내게 되므로 이틀 후에 다시 반복한다.

이 놀이를 몇 번 하고 나면 강아지도 공에 흥미를 잃게 된다. 공이 무생물이라는 것을 알아차리기 때문이다. 이럴 때 공을 움직여 줄 수만 있다면 강아지의 흥미를 계속 유지할 수 있다.

⑥ 공에 줄을 묶는 방법은 다음과 같다. 끝을 구부린 철사를 구해 그 구멍에 줄을 단단히 묶는다. 마치 바느질을 하듯 공의 한 가운데를 뚫어서 반대쪽으로 철사가 나오게 한다. 그러면 철사에 묶인 줄도 따라 나올 것이다. 그 끈의 끝을 여러 번 묶어서 매듭이 구멍 뒤로 빠지지 않도록 한다. 이렇게 줄을 맨 공을 던져서 강아지가 그걸 잡을 때까지 살짝살짝 움직여 주면 마치 살아 있는 공처럼 보인다.

훈련을 하다 보면 강아지가 공을 주인에게 내주지 않거나 어디엔가 숨기려 하기도 한다. 이런 때 공에 달린 줄을 당기면서 훈련시키면 효과적이다. 그러나 줄을 당기면서 개와 실랑이를 하는 것은 도움이 안 된다. 오히려 개의 고집을 발동시키는 부작용만 낳게 된다. 이런 때는 무엇인가 개의 주의를 다른 데로 돌릴 방법을 모색해야 한다. 예를 들어 갑자기 어디론가 뛰어가는 척 해보는 것도 효과적이다. 단, 개가 있는 방향은 안 되고 똑바로 뛰어가도 안 된다.

뛰는 동작은 움직이는 것을 쫓아가려는 개의 본능을 자극하게 되므로 개는 곧 당신을 따라올 것이다. 개가 따라오면 몸을 숙여서 강아지를 잡고 입에 물려 있는 공을 빼면서 강아지를 쓰다듬어 준다. 또 공에 줄을 매지 않고 훈련할 때 '이리와' 라는 명령에 공을 물고온 강아지가 주인에게 내주지 않으려고 버티면 역시 '주의돌리기' 방법을 이용한다. 그리고 이런 강아지에게는 앞으로 '이리와' 라는 명령으로 회수를 하면 안 된다. '이리와' 가 무엇인가 자신에게 손해를 준다고 느끼면 다음부터 이 명령에 제대로 복종하지 않을 염려가 있기 때문이다.

줄을 맨 공에 흥미를 느끼지 못하는 강아지가 있다면 꿩이나 메추리 체취액 몇 방울을 뿌려 사용하면 효과적이다. 먹는 것을 밝히는 강아지라면 회수해 온 공을 돌려받을 때 약간의 고기와 바꿔주는 것도 좋은 격려가 된다. 그러나 대부분의 조렵견은 먹는 것보다 이 놀이 자체에 흥미를 느끼게 된다.

이런 방법을 모두 동원해도 흥미를 안 보이는 강아지는 더 이상 강제로 훈련을 시키지 말고 당분간 그냥 두는 것이 편하다. 민감한 시기의 강아지에게 강제로 훈련을 시키거나 야단을 치면 훈련 전체를 망치는 결과를 초래하기 때문이다.

이럴 경우는 차라리 조금 더 기다렸다가 다시 실시하는 것이 현명하다. 강아지를 마음대로 뛰어다니며 놀게 하고 혹시 판자나 헝겊 등 어떤 물건이라도 물어오는 것이 있는지 살펴본다. 그런 행동을 하면 안심해도 좋다. 멀지않아 다시 이 훈련을 실시해도 된다는 표시이기 때문이다.

(8) 포인하기

앞에서 말한 강아지 선택법에서 이미 포인에 대한 잠재력을 갖춘 강아지를 골랐으므로 이 훈련의 목표는 강아지의 잠재능력을

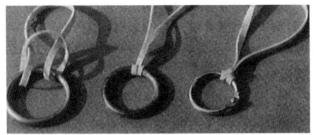

사진 1. 비둘기를 묶을 때 사용할 링. 고무줄을 맨 방법을 주의깊게 살펴보자.

끌어내서 더욱 완벽하게 다듬어 주는 것이다. 준비물은 '살아 있는 비둘기나 메추라기 1마리'와 튼튼한 고무줄, 링, 긴 줄, 막대기 등이다.

링은 이음새가 없고 지름이 2.5~3.2cm 정도인 것이 사용하기에 좋다. 고무줄의 사이즈는 사용할 비둘기의 크기를 고려하여 정한다. 작고 탄성이 강한 고무줄을 몸집이 큰 비둘기에 사용하면 날개를 아래로 내리는데 방해가 되어 제대로 날지 못한다. 크고 탄성이 약한 고무줄을 작은 비둘기에 사용하면 새가 고무줄에서 빠져나와 날아갈 우려도 있다.

작은 비둘기에 사용하려면 길이 7.5cm, 두께 0.3cm인 고무줄이 알맞고 큰 비둘기에는 길이 9cm, 두께 0.3cm인 고무줄이 적당하다. 재료가 준비되었으면 이제 이것들을 조립한다.

① 사진과 같은 방법으로 링에 고무줄을 묶는다.
② 왼손으로 비둘기를 잡는다. 이 때 비둘기 머리가 왼손의 손목

아래로 오도록 하고 비둘기 오른쪽 날개에 엄지 손가락을 놓는다. 가운데손가락은 왼쪽 날개 밑에, 집게손가락은 날개 사이 중앙에 놓는다.

③ 링에 묶은 고무줄을 손가락으로 잡아당겨 두 날개를 끼우고, 링이 등쪽 두 날개의 사이에 오도록 조절한다.

④ 링에 긴 줄을 매고 줄 끝을 막대에 묶는다.

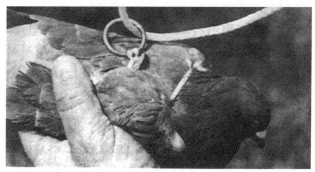

사진 2. 링을 비둘기의 등에 오도록 하고 줄을 맨다.

⑤ 사진 3과 같이 줄의 중간에 다른 긴 끈을 묶는다. 그 끈 한쪽 끝을 막대의 손잡이 부분에 간단한 나비매듭으로 묶어서 잡아당기면 쉽게 풀리도록 한다. 이 끈은 새가 너무 높게 떠오르는 것을 통제하는 수단이 된다. 이로써 장치가 완성됐다.

이 장치를 풀숲이나 덤불사이로 가지고 간다. 비둘기는 덤불 밑에 숨긴다. 이 때 비둘기의 머리를 날개 속에 파묻고 손바닥으로 가볍게 덮어 주면 비둘기가 조용해진다. 새가 잠든 듯하면 부드럽

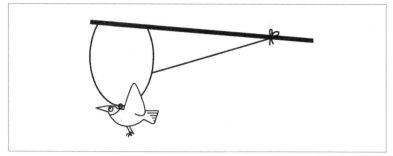

사진 3. 비둘기를 막대에 매단 모습

게 손을 떼고 줄을 묶은 막대를 들어 올린다. 물론 이 줄은 위 아래로 움직일 수 있다. 그런데 똑똑한 강아지는 주인이 들고 있는 막대기의 지시방향에 의해 힌트를 얻을 수 있으므로 막대 끝을 형광색 테이프로 감싸주어 개가 알아보기 힘들게 만든다. 강아지가 비둘기를 포인하면 쥐고 있는 막대기를 위로 올려 새가 날아오르게 한다. 새가 위로 올라갈수록 고리를 통해 줄이 길게 풀릴 것이다. 이 훈련에 사용된 기구들은 다른 재료로 구성할 수도 있다. 예를 들어 막대의 경우는 낚싯대를 이용하는 방법도 있다.

사진 4. 포인훈련에 사용하는 막대는 낚싯대를 사용해도 된다.

(9) 총소리 익히기

이 훈련은 강아지가 총소리에 익숙해지도록 해주며 총소리와 게임의 관계를 연관시켜 준다. 이 훈련을 수행할 때 다른 헌터의 도움을 받으면 훨씬 수월하다. 먼저 훈련장소는 지형이 평평하고 덤불이 있어서 새를 쉽게 감출 수 있는 장소여야 한다.

　도구는 '포인하기'에서 사용했던 것을 다시 이용하는데, 한 가지 더 추가되는 것이 있다. 살아 있는 비둘기를 묶어 놓은 줄의 약 60cm 지점(막대 끝에서부터)에 방금 죽어서 아직 따뜻한 비둘기를 함께 매다는 것이다. 즉, 이 막대에는 살아있는 비둘기 한 마리와 죽은 비둘기 한 마리가 함께 매달려 있게 된다.

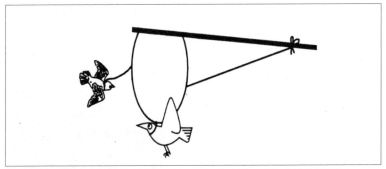

사진 5. 총소리 익히기 훈련에는 살아 있는 새와 죽은 새를 동시에 활용한다.

　이 밖에 공포탄을 장전한 총과 '매소리 피리'가 있다면 더욱 좋다. 공포탄은 총소리가 비교적 부드러운 편이지만 아직 총소리를 들어본 적이 없는 강아지에게 갑작스럽게 큰 총소리를 들려 주면 불안감을 유발시키게 되므로 주의가 요구된다. 어떤 사람은 딱총부터 시작하는데, 이 때도 엽총을 함께 가지고 나가야 한다.

　개로 하여금 사냥과 연관되는 것이 딱총이 아니라 엽총이라는 사실을 인식시켜야 하기 때문이다.

'매소리 피리'는 강아지가 새를 포인하는 순간 가볍게 부는데 이것을 이용함으로써 두 가지 효과를 볼 수 있다. 먼저 야생조류들은 본능적으로 매소리에 두려움을 가지고 있다.

이 소리가 들리면 숨어 있는 곳에서 함부로 나오지 못하므로 훈련이 쉬워진다. 또 개는 매소리와 게임의 냄새를 연관짓는 습관이 생겨서 매 소리가 들리면 근처에 무엇인가 있으니 사냥하라는 명령이 떨어진 것으로 이해하게 된다.

그러나 피리를 남용하여 게임이 없을 때도 사용하면 효과가 줄어든다. 피리소리가 진짜 매소리처럼 들리도록 평소에 연습해 둬야 한다.

① 동료헌터가 새를 덤불 속에 숨겨두고 있을 때 훈련사는 강아지를 데려온다. 훈련장에 들어올 때 역바람 방향으로 들어오면 개가 게임의 냄새를 금방 알아채기 때문에 코를 사용할 기회가 없어진다. 따라서 바람을 등에 지고 직각으로 들어와야 한다.

② 개는 갑자기 게임의 냄새를 느끼는 순간, 깜짝 놀라면서 포인 자세를 취한다.

③ 당신과 강아지가 비둘기에게 다가가는 동안 동료헌터는 도구를 들고 은신해 있어야 한다.

④ 강아지가 포인을 한다. 이 순간 결정해야 할 사항이 있다. 즉,

사진 6. 포인 후에 곧바로 새를 띄워주는 훈련

총성이 울릴 때까지 포인자세를 계속 유지하고 있는 개를 원하는가, 아니면 일단 포인을 한 후 새를 띄워줄 개를 원하는가에 따라서 훈련 방법에 약간 차이가 있다.

먼저 새를 띄워줄 개를 원한다면 훈련시키기가 약간 쉽다.

동료헌터가 막대를 잡고 있는 동안 포인자세를 취하고 있는 개에게 명령을 내린다.

'띄워. 쫓아내.' 그러고 나면 개가 마음대로 하도록 내버려 두어도 된다.

이 때 동료헌터는 재빨리 살아있는 비둘기를 하늘로 들어올린다. 훈련사는 새가 숨겨져 있는 쪽으로 걸어가다가 엽총을 발사한다. 혹시 '띄워' 라는 명령을 하기도 전에 개가 앞으로 나간다면 절대로 화를 내지 말고 개가 움직이기 시작하는 순간 그 명령어를 말하도록 한다. 이렇게 하면 개의 실수를 정정해 주는 효과가 있다. 명령이나 총소리 전에 개가 나가지 않게 통제하려면 개줄을 말뚝

에 묶어두고 명령이나 총소리를 낸 후 풀어주는 훈련을 미리 시켜
둔다. 총소리가 날 때까지 포인자세를 계속 유지하면 약간 복잡한
과정을 거쳐야 한다.

⑤ 강아지가 포인자세를 얼마나 오랫동안 유지하고 있는지 시간
을 잰다. 만일 개가 5초 동안 포인자세를 유지하고 있다면 다음 훈
련 때는 10초 후에 '쫓아내' 명령을 내리도록 한다.

⑥ 강아지가 명령이나 새가 떠오르기를 기다리게 된 듯이 보이
면 시간을 15초로 늘린다.

⑦ 시간을 차츰 1~2초씩 늘려서 1분 이상 될 때까지 같은 방식
으로 훈련을 시킨다.

⑧ 새를 일단 공중으로 들어올렸다가 총소리가 들리면 곧 막대
를 땅에 내림으로써 죽은 게임이 땅에 떨어지는 것처럼 보이게 한
다.

⑨ 개는 비둘기가 떨어지는 것을 보고 그 쪽으로 달려갈 것이다.
이 때 "물어와"라고 명령한다.

⑩ 만일 개가 떨어지는 새를 못 본 듯하면 "찾아와"라는 명령을
내리고 새를 향해서 걸어간다. 개가 게임을 찾아내면 다시 "물어
와"라고 명령을 내린 후 막대를 집는다. 강아지가 새를 입으로 무
는 순간 "물어와"를 반복하고 막대기를 부드럽게 훈련사 쪽으로
끌어당긴다. 이 때 공으로 훈련할 때와 마찬가지로 너무 강하게 잡
아당겨 강아지의 반감을 사지 않도록 주의한다. 쓸데없이 강아지

의 오기를 발동시킬 필요가 없기 때문이다.

개가 게임을 운반해오지 않고 머뭇거린다면 개의 목에 매인 줄을 잡아당긴다. 게임을 입에 문 개는 막대기를 잡아당겨도 게임을 빼앗기지 않으려고 버틸 것이다. 조렵견은 새보다 더 흥미로운 것은 없기 때문이다.

다른 먹이나 상을 주고 게임을 빼앗기보다는 오히려 칭찬하면서 잠시 물고 있도록 해주는 편이 좋다. 일단 이 훈련을 한번 하고 나면 며칠 동안 공백기를 가지도록 한다. 그래야 강아지가 이 경험을 떠올리면서 다시 포인을 하고 싶은 욕망을 가지게 될 것이다. 좋은 것도 너무 자주 경험하면 그 갈망과 열의가 상실된다는 평범한 진리를 되새겨야 한다. 훈련에 익숙해진 강아지는 총소리와 게임을 연관시킬 수 있게 돼 총소리만 들어도 흥분하게 된다.

그런데 어떤 개들은 병적일 만큼 총소리를 무서워하기도 한다. 총소리를 두려워하는 개는 두 가지 타입이 있는데, 유전적으로 타고난 개와 후천적으로 잘못 길들여진 개로 나눌 수 있다. 후천적인 경우는 총소리에 빨리 적응시킬 목적으로 자주 큰 소리의 총을 이용했을 때 발생한다.

어떤 경우라 해도 아마추어 훈련사가 총소리에 대한 두려움을 교정해주기는 어렵다. 이 때는 전문가의 도움을 청하거나 엽견으로 키우는 것을 포기하고 애완견으로 삼는 편이 낫다.

외국의 경우는 특별하게 제작된 녹음테이프를 이용해 총소리에 대한 두려움을 교정해주기도 한다. 이 테이프를 틀면 우선 부드러운 음악이 흘러나와 개를 침착하게 해준다. 이어 음악 속에 잠재의식 수준에 가까운 총소리가 삽입되고 이 총소리는 서서히 커지기 시작하여 마지막에는 총소리만 남게 된다. 몇 번만 이 과정을 반복하면 효과를 볼 수 있다.

선천적이든 후천적이든 개가 총소리를 두려워하는 조짐이 있으면 이 훈련은 나중으로 연기하는 것이 좋다. 그렇지 않으면 총소리만큼 새도 두려워하게 될 것이다. 그리하여 엽장에서 새 냄새를 맡고 곧 총소리가 들려올 것이 두려워 아예 멀리 달아나 버릴 수 있다.

엽견이 여기까지의 훈련에 익숙해지면서 새로운 걱정거리가 생길 수 있다. 바로 자신의 능력에 자만심을 가지게 되는 것이다. 총소리가 들리기도 전에 자기가 직접 뛰어들어 게임을 잡으려고 한다. 명령을 내리기 전에 개가 비둘기 쪽으로 한 발자국이라도 다가가려는 자세를 취하면 명령이나 총소리 전까지 개의 목에 맨 줄을 잡고 있거나 말뚝에 줄로 묶어 놓도록 한다. 이 때 앞으로 살살 나가려고 하던 강아지는 무언가에 제지당하고 있다는 느낌을 받게 된다. 이후 총소리를 내거나 명령을 내리면서 줄을 풀어 개가 뛰어나가게 한다. 그러면 강아지는 어떤 게 허락된 행동인지 깨달을 수 있다.

강아지가 이 훈련에 적응했다고 여겨지면 다음에는 여러 마리의 꿩이나 메추라기들을 풀어놓고 훈련을 시작한다. 그러면 마치 엽장에서와 비슷한 상황이 조성될 것이다. 꿩은 제맘대로 은신할 테니 구태여 사람들이 게임을 숨기느라 불필요한 냄새를 남기지 않아도 된다. 여러 마리가 넓은 범위에 퍼져 있는 점도 엽장과 비슷하다. 야생상태의 조류들과는 먹이나 생태가 다르므로 그 체취 역시 다를 수밖에 없지만 사냥감각을 익히는 데는 큰 도움이 된다. 이 훈련은 강아지에게 조금 어렵게 느껴질 것이고 아마도 여러 번의 실패를 겪게 될 것이다. 자신의 능력을 과신하여 명령이나 총소리를 듣지 않고 먼저 뛰어들면 그 순간 게임이 멀리 날아가 버린다는 사실도 배우게 돼, 총소리나 명령 이전에 뛰어드는 버릇도 완전히 고칠 수 있다.

그러나 꿩을 풀어 놓을 만한 넓은 장소를 구하지 못하거나 꿩을 구하지 못할 경우에는 비둘기 훈련을 계속해서 반복하도록 한다.

(10) 물에 적응하기

오리사냥을 주로 할 생각이라면 강아지에게 물과 친숙하도록 훈련을 시키는 과정이 필수적이다. 육지에서 서식하는 꿩이나 비둘기를 사냥하더라도 만약을 위해서 '물 적응 훈련'을 시켜두어야 한다. 때로는 총에 맞은 꿩이 물에 떨어지는 경우도 있기 때문이다. 어떤 개는 오리만큼이나 물을 좋아하는 데 어떤 개는 물을 몹시 혐오한다. 그것은 어린 시절 물을 어떻게 처음 만났느냐에 달린 경우가 많다. 하늘이 잔뜩 찌푸린 추운 날씨에 억지로 물에 들어가 도록 시킨다거나, 싫다는데도 강압적으로 수영을 강요하면 당연히 물을 싫어하게 된다.

강아지에게 수영을 가르치는 데 중요한 것은 당일의 기후와 수 온이다. 날씨가 덥고 수온이 너무 낮지 않아야 거부감없이 물을 받 아들인다. 너무 갑자기 깊은 곳으로 데려가면 개로 하여금 물에 대 한 공포감을 가지게 할 수 있다. 처음에는 개의 배에 물이 닿을락 말락하는 깊이에서 훈련을 시작하도록 한다. 개의 행동을 살펴서 만약 개가 물에 대담한 성격이라면 오리 디코이를 물에 띄우고 개 를 조금 더 깊은 곳으로 유인해 들어간다. 디코이가 천천히 움직여 야 강아지가 쫓아다닐 마음을 가질 것이다. 개가 물에 익숙치 못해 주춤거린다면 그 날 훈련은 그 정도에서 끝내도록 한다.

개가 디코이를 잡겠다고 끈질기게 따라다니면, 개가 물장구를 치고 싶어하는 깊이까지 유인하고 다시 방향을 돌려 바닥에 발이 닿는 얕은 곳으로 유도한다. 이렇게 2~3차례 반복하면서 매번 그 거리를 조금씩 늘려나간다. 태어난 지 4개월 이상 된 개를 처음 물 에 들어가게 하려면 꽤 애를 먹을 수 있다. 이 무렵의 강아지는 사 람으로 치면 2살 정도와 비교되는데, 위험에 대한 인지능력이 시 작되는 시기이다. 그 전까지는 '주인님이 원하신다면 뭐든지 하지 요.' 라고 행동하던 강아지들이 갑자기 '난 그거 못해요. 그러다가 죽을지도 몰라요.' 라는 듯 거부하고 고집을 부리게 된다.

물을 거부하는 개에게는 강요하지 말고 그냥 비가 오기를 기다렸다가 훈련을 시키도록 한다. 비가 오는 날이 겁쟁이 개들에게 물 적응 훈련을 성공시킬 가능성이 높다.

우선 비 오는 날, 개를 많이 뛰게 해서 몸이 더워지게 한다. 혀를 길게 내밀고 헉헉댈 정도가 되면 빗물이 좀 많이 고인 물웅덩이로 데려간다. 아무리 겁장이라도 땅에 고인 정도의 물은 두려워하지 않는다.

웅덩이 안으로 빠른 걸음으로 지나가면 개도 주인을 따라 지나가게 된다. 그렇게 웅덩이 몇 개를 지나서 수영연습을 시킬 연못가로 데려간다. 몸이 더워진 개는 물이 너무 차지만 않다면 얕은 물가에 들어가는 것을 거부하지 않는다. 일단 개가 물에 들어가면 앞에 설명한 방법으로 개가 수영 할 만한 깊이까지 들어가도록 유도한다. 물에 들어가는 훈련을 시킬 때 지킬 사항은, 훈련사도 물에 들어가야 한다는 점이다. 그래야 개가 안심하고 따라 들어간다. 주인 혼자만 육지에서 안전하게 있다면 어떤 엽견이 그 주인을 따르겠는가.

(11) 조기훈련의 마감

이 훈련을 시작하기에 앞서 조기훈련을 2달 동안만 실시한다고 전제했다. 훈련을 마칠 시기에는 강아지도 많이 자랐을 터이고 꾀도 많이 늘었을 것이다. 이제 강아지는 훈련을 시시하다고 느끼기 시작할 것이다. 심지어 계속 이 훈련만 반복하면 슬슬 주인의 권위를 시험하려고 들 것이다. 그러므로 이 정도에서 조기훈련을 마치는 것이 적당하다.

이 때부터는 1주일에 1~2차례 (후각 사용하기) 훈련정도만 실시하고 다른 훈련은 그만둔다. 그러나 식사시간을 이용해서 계속 '이리와' 라는 명령어를 더욱 반복하는 것이 좋다. '멈춰' 라는 명령에 복종해야 곧바로 먹이를 먹을 수 있다는 것도 계속 상기하도록 한다. 새를 포인하는 훈련은 더 시킬 필요가 없다. 이미 강아지는 사냥 본능을 깨우쳤고 새사냥보다 더 재미있는 일은 없다는 사실을 잘 알고 있다. 이제 사냥은 이 개의 삶의 일부가 된 것이다.

이제부터는 별 문제를 일으키지 않는 한 강아지를 자유롭게 뛰어놀도록 한다. 그리고 자주 놀아주어야 개가 외로움을 타지 않는다. 앞으로의 몇 달은 이 정도면 충분하다.

③ 성견훈련 및 보충훈련

엽견훈련 교재를 여러 권 구입하는 것은 좋지 않다. 이책 저책을 보고 마음에 드는 내용만 골라 짜깁기를 하면 엽견성장 과정의 중요한 시기를 놓칠 수가 있고, 저마다 의견이 다른 여러 전문가에게 문의를 하면 혼란만 가중될 것이므로 자신이 선택한 단 한 권의 책을 믿는 것이 좋다.

즉, 개훈련이란 그림 그리기와 같아서 사람마다 그리는 방법이 서로 달라도 훌륭한 그림을 그릴 수 있기 때문이다. 훈련을 시작함에 있어 무엇보다도 중요한 것은 개의 선택이다.

어떤 개를 선택하느냐에 따라 개를 훈련시킨다는 것은 매우 쉬운 일이거나 아예 불가능한 일이거나 둘 중에 하나다. 그 성패는 주인에게 달려 있다. 어느 종을 고를 것인가에 앞서 그 개가 포인을 할 수 있는지를 먼저 확인해야 한다. 나머지는 부수적이다. 총에 맞고 달아나는 새를 따라가지 못하는 것은 참을 수 있고 회수를 못한다면 직접 가서 가져오면 그만이지만, 포인을 못하는 개는 무용지물이다. 새에 대한 흥미와 포인은 가르쳐서 될 일이 아니다. 그것은 타고나야 하는 것이다. 그러므로 개를 선택할 때 제일 먼저 포인 능력을 확인해야 한다.

개를 선택할 때 흔히 있는 실수는 영화에서 보았던 멋있는 개나 평소에 봐 두었던 다른 사람의 개를 고르려 한다는 것이다. 개의

능력을 겉모양으로 판단할 수 없다는 사실을 반드시 명심하도록
한다.

이제부터 '멈춰', '이리와', '들어가', '물러서' 등의 기본 명령
과 '따라와', '앉아', '엎드려' 등의 명령을 자세히 설명하고 추적
과 라운딩도 소개한다.

이 장에서는 케이블의 사용이나 '멈춰' 훈련에 둥근 통을 이용한
훈련법도 소개한다.

1. 훈련용품

(1) 개줄

휘슬 명령에 응하는 개라면 개줄은 필요없다. 하지만 조기훈련
을 받지 않은 개를 속성으로 훈련시키는데 개줄보다 나은 것은 없
다. 주로 5m 정도의 줄을 사용하지만 15m 정도의 잘 꼬이지 않
는 튼튼한 줄을 권한다. 개가 움직일 수 있는 공간이 더 넓어져 개
가 뛰어다닐 수 있으므로 실제 상황에 가까운 상태에서 훈련을 받
을 수 있기 때문이다.

우선 줄 끝에 둥근 고리를 만들어 놓으면 장애물에 걸리기 쉬우
므로 개가 달아날 수 없다. 매듭을 두개 정도 만들어도 좋다. 그러
면 줄이 손에서 미끄러질 경우 첫 매듭을 놓치더라도 두 번째 매듭
을 잡을 수 있다. 손과 줄의 마찰로 인해 손바닥에 화상을 입을 수

도 있으므로 훈련 중에 장갑을 끼는 것이 좋다. 장갑은 줄을 자유롭게 다룰 수 있도록 해주기도 한다.

명령에 복종해야 한다는 것을 개에게 상기시키는 데 줄보다 효과적인 것은 없다. 개에게 줄을 매단다는 것은 그 개가 주인의 통제 아래에 있다는 것을 의미한다.

그래서 개줄을 벗기면 통제에서 벗어났다고 착각할 수도 있으므로 줄이 더 이상 필요없다고 생각되더라도 완전히 벗기지 말고 대신 길이를 반으로 줄여주는 것이 좋다. 그러면 끌고 다니기도 편할 것이고 덤불에 걸리는 일도 적을 것이다.

줄로 개를 살짝 쳐주기만 해도 개는 주인의 통제 아래 사냥을 시작하게 될 것임을 예측한다.

나중에는 줄을 1m 이하로 줄여 주어도 여전히 조련사의 통제 아래 있다는 사실을 상기할 수 있다. 사냥터에서 개가 명령을 듣지 않을 때도 짧은 줄을 가지고 다니다가 개의 등을 살짝 쳐주면 주인의 통제 아래 있다고 생각하게 되어 효과적이다.

(2) 초크체인(조임 목걸이)

개의 주의를 보다 확실하게 끌기 위해 초크체인을 사용할 수도 있다. 초크체인은 개줄을 당겼을 때 개의 목이 조여지게 한다. 단, 줄을 당겼다가 놓으면 그 조임이 풀어지게 매야 한다. 그림을 참고하여 개를 질식시키는 일이 없도록 한다.

이렇게 초크체인을 매어야 줄을 당겼다가 놓았을 때 조임이 풀어진다.

(3) 케이블

타이밍을 맞추기 어려운 초보자에게 꼭 필요하다. 케이블을 사용하면 통제에서 벗어나고 싶어하는 1년생 개들을 컨트롤하기 매우 쉬워진다. 도시에서 개를 훈련시켜야 하는 헌터들에겐 필수적이다. 튼튼한 줄의 양끝을 기둥에 고정시키고 짧은 줄로 케이블과

그림과 같이 자동차의 휠이나 말뚝을 박아 커브를 만들면 된다. 개는 케이블을 따라 달리는 법을 금방 배운다. 케이블은 모서리에서 개줄이 걸리지 않도록 너무 팽팽하지 않게 설치한다.

개를 연결시킨다. 개에 연결되는 줄의 길이는 필요에 따라 조절할 수 있다.

자동차 휠(타이어의 가운데 부분)을 이용해서 커브를 만드는 방법도 있다. 좁은 지역에서는 휠 대신 말뚝을 박아 이용할 수도 있고 실내에서는 고정된 기둥에 줄을 연결하여 훈련 시킬 수도 있다.

이 훈련은 '멈춰' 와 '따라와' 훈련에 요긴하게 사용되고 다른 훈련에 응용될 수 있다.

2. 기본훈련

(1) 총성공포증에 대한 대비

어린 강아지를 훈련시켜 본 사람이라면 총성이 큰 문제가 되지 않는다는 사실을 알고 있다. 결코 평범하다고 할 수 없는 헌터의 생활환경을 매우 당연하게 받아들이는 것이다.

나이든 개보다 어린 개가 요란한 총성을 더 자연스럽게 받아들인다. 새와 같은 흥미로운 대상이 있다면 총성을 받아들이기가 더욱 쉽다.

그러나 생후 5개월에서 8개월 사이의 개 중에서 그렇지 못한 개도 있다. 익숙하지 못한 대상을 위협으로 여기는 것이다. 손님이 찾아오면 주인 뒤에 숨는 개를 본 적이 있을 것이다.

냄새로 확인이 안 될 경우 수백 번 넘게 보았을 주인도 때로는 침입자로 오인하기도 한다. 이런 개의 반응은 어린 아이의 반응처럼 예측하기 어렵다.

총성이 아무 문제도 되지 않을 수가 있는가 하면 심각한 문제를 일으키기도 한다. 개가 총성을 신경질적으로 받아들인다면 조금 기다렸다가 시도해보는 것이 좋다.

엽총은 그 자체만으로는 위협적으로 보이지 않는다. 먹이그릇 옆에 총을 놓아두면 개가 신경도 쓰지 않는다. 총에 고깃국물을 묻혀 두면 그것을 핥아먹으면서 총에 호감을 가지게 할 수도 있다.

일부 헌터들은 총을 발사하여 식사시간을 알리는 방법을 동원하기도 한다. 물론 화력이 약한 것부터 시작하는 게 좋다. 개가 먹이를 먹는 동안 옆에서 사격연습을 하는 것도 괜찮은 방법이다.

엽기 중이 아니라면 다른 것을 사용해 큰 소리를 내는 수도 있다. 예를 들어 나무토막 두 개를 부딪히면 꽤 요란한 소리가 난다.

보다 쉽고 효과적인 수단으로 총성공포 예방 테이프가 있다.

총성공포 치료 테이프와 마찬가지로 부드러운 음악으로 시작하여 처음에는 들릴락 말락한 총성이 음악소리에 묻혀 들리다가 점점 커져서 마침내 총성만 남게 된다. 그러면 그 총성은 개에게 거의 음악소리처럼 들리게 된다.

개가 먹이를 먹고 있거나 즐겁게 놀고 있을 때 틀어주면 더욱 효과적이다.

이미 총성공포증이 있는 개라면 즉시 총기공포 치료 테이프를 들려주는 것이 좋다. 소리에 민감한 것은 유전적인 것이므로, 치료를 하지 않으면 그 개를 포기해야 할 지경에 이르기도 한다.

개가 총성에 익숙해졌다면 함께 산책을 나가서 불규칙적으로 총을 쏘아 본다. 총성이 울리면 무슨 일인지 궁금해서 주인 곁으로 돌아오다가 그것이 반복되면 총성을 무시하게 될 것이다.

(2) 새에 대한 대비

'멈춰' 명령에 확실히 응할 때까지는 새를 사용한 훈련을 잠시 중단하는 것이 좋다.

조기훈련에서는 새를 숨겨 두었다가 개를 그곳에 데리고 갔었기 때문에 새에 사람냄새가 묻어 있었다. 그래서 그것이 실제 상황이 아니라는 것을 눈치챈 개는 포인하는 것에 만족하지 않고 새를 입에 물어서 좀더 즐기려 한다.

예전에는 새를 숨겨놓지 않아도 될 정도로 야생조수가 풍부했기 때문에 별 문제가 없었다. 그러나 요즘에는 조류를 포획하기가 쉽지 않다는 사실을 개도 깨달아야 한다.

너무 가까이 다가가면 새가 날아가 버린다는 것을 경험하고 나면 사람과 협동해야 한다는 사실을 깨닫게 되어 포인을 제대로 하게 된다.

개가 포인을 하면 휘슬이나 음성으로 '멈춰'를 명령한다. 음성 명령을 할 때 절대 소리를 질러서는 안 된다.

개가 '멈춰' 명령을 듣지 않으면 다른 표현을 하지 말고 개줄로 개를 쳐서 충격을 줘야한다. 이 때 눈을 마주쳐서는 안 된다.

새를 사용한 훈련에서는 절대로 벌을 주면 안 된다는 말이 있긴 하지만 개줄로 치는 정도는 괜찮다. 그 벌은 새와는 관계없이 '멈춰' 명령에 응하지 않았기 때문에 가해진 것이다.

아무 말도 하지 않고 눈을 마주치지 않는다면 개가 헌터를 야속하게 생각하지 못할 것이다.

오히려 개줄로 몇 번 건드리면 명령에 응하는 편이 낫다고 생각한다.

(3) 반항하는 개를 다루는 방법

동물행동학자들은 개과의 동물들이 사용하는 방법을 써보라고 충고한다. 늑대 무리의 우두머리는 입을 크게 벌려 부하의 주둥이를 감싸는 방식으로 자신의 우월성을 과시한다.

사람이 손으로 하는 일을 개가 입으로 하듯이 개가 입으로 하는 일을 사람의 손으로 대신할 수 있다.

손으로 개의 주둥이를 잡고 손가락으로 사랑스럽게 어루만져 주면서 머리를 가볍게 흔들어 주면 비슷한 효과를 낼 수 있다. 이런 행동은 훈련사가 주인이라는 사실을 개에게 상기시켜 준다.

만약 개가 빠져나가려 한다면 훈련사의 우월성을 믿지 않으려는 것이라고 보아야 한다. 복종심이 없다면 주인이 손으로 어루만지는 행동을 개가 받아들이려 하지 않을 것이다.

주인이 먹이그릇을 쥐고 있으면 먹으려 하지 않는 개가 있는데, 스스로 다 자랐다고 생각하는 자만심 때문이다. 그런 개는 조금 굶주리게 하는 것도 괜찮다.

어떤 행동학자는 어미의 입에서 먹이를 받아먹는 것처럼 느끼게 하려고 먹이에 침을 뱉어서 주기도 한다. 오래 전에는 개에게 줄 마땅한 보상이 없을 때 많은 헌터들이 손에 침을 묻혀서 핥게 하기도 했다.

생후 7주 이상된 새끼들을 관찰해 보면 서열을 정하려고 하는 것을 알 수 있다. 개과의 동물들은 자신의 우월성을 증명하기 위해 앞발을 다른 개의 목에 올려놓아 물리적인 우위를 차지하려고 한다.

수 많은 시도 끝에 마침내 한 마리가 우두머리가 되는 것이다.

그것을 응용하여 팔로 개의 목을 감싸는 동작을 해보자. 개가 그것을 받아들이려 하지 않더라도 절대로 풀어 주면 안 된다.

종종 친근함의 표현으로 받아들여지기도 하는 이 동작은 개의 성격을 비뚤어지게 하거나 서로의 관계를 나쁘게 하지 않으면서 반항하는 개를 다룰 수 있는 매우 좋은 방법이다.

만약 어떠한 방법을 써도 개의 반항을 막을 수 없다면 보다 확실한 방법이 필요하다. 개과의 동물들에게 매우 특별한 의미를 갖는 오줌을 이용해본다.

오줌은 자기 지역을 표시하기도 하고 공포나 성적인 표현이 되기도 한다. 자신이 포인해준 새를 몇 번이나 놓쳐 버린 주인의 사냥화에 오줌을 가득 싸서 주인에게 느낀 실망감을 표현하는 개도 있다.

오줌을 사용하여 개가 당신의 지배 아래 있다는 것을 깨우쳐 주는 것은 효과적인 방법이긴 하지만 사람이 그런 행동을 한다는 것은 사회적으로 받아들여지기 힘들 것이므로 대신 적당한 병에 오줌을 대신할 수 있는 액체(비눗물 같은)를 넣어 필요할 때 개의 어깨에 뿌리고 반응을 관찰해 보자. 그 효과는 기대 이상일 것이다.

초보자가 사용하기에는 위험 부담이 있지만 개가 주인을 위협할 정도로 심각한 경우에는 더욱 폭력적인 방법을 사용할 수도 있다. 다른 어떠한 방법도 통하지 않을 경우 마지막 수단이 바로 '깔고 엎드리기' 다. 그러나 무작정 개에게 달려들어 덮치는 것은 곤란하다.

우선 목걸이를 잡아 개를 제지한 후 개의 배 아래로 팔을 넣어 반대편 다리를 쥐거나 혹은 두 다리를 모두 잡아당겨 개를 쓰러뜨린다. 개가 다시 일어서기 전에 체중으로 개를 누른다.

다른 한 손으로 개의 주둥이를 감싸서 개가 무는 것을 막고 동시에 훈련사의 우월성을 보여 준다.

초보자라도 동작이 민첩하다면 문제가 없겠지만 개의 이빨을 피할 자신이 없다면 시도하지 않는 것이 좋다.

3. '멈춰'

(1) '멈춰' 명령에 복종하지 않는 개의 재훈련

주인의 '멈춰' 명령을 아예 무시해버리는 개가 있다. 그것은 전적으로 주인의 책임이다. 필시 훈련과정에서 너무 많은 말을 했을 수도 있다.

예컨대 "야, 캐리. 도대체 몇 번을 말해야 알아듣겠니. 내가 멈추라고 그랬지. 혼이 나야 정신을 차리겠어"식으로 길게 말한다면 개가 아무리 영리하다 해도 이해하기 힘들 것이다.

개는 명령어 뒤에 다른 말이 오면 곧 그 명령이 끝난 것으로 간주한다. 즉 "멈춰, 멈추랬지. 말을 안 들으면 혼내줄거야."식으로 명령하면 개는 멈추려 하다가 다른 말이 들리는 순간 곧 명령이 취소되었다고 생각하고 딴짓을 한다.

그렇게 하는 것이 주인의 명령을 잘 따르는 것이라고 착각하게 된다. '멈춰' 명령이 잠시 멈추었다가 딴 짓을 하라는 의미로 인식되는 것이다.

이러한 개는 말을 사용하지 않는 '멈춰' 신호로 재훈련시켜야 한다. 우선 목걸이에 줄을 매서 짧게 쥐고 함께 걷다가 반항하거나 딴짓을 하면 줄로 등을 가볍게 쳐준다. 그리고 줄을 살짝 당겨서 개가 움직이지 못하도록 한다. 그것을 반복하면 줄을 당기는 것이 '멈춰'를 명령하는 또 다른 신호가 될 수 있다. 이 방법은 습관적으로 잔소리가 많은 사람에게 좋은 제안이 된다.

　그러나 보다 중요한 점은, 훈련사의 감정을 드러내지 않아도 된다는 점이다. 훈련사가 화가 났거나 긴장해 있으면 그것이 개에게 전달된다. 그렇게 되면 개의 집중력이 분산되고 훈련은 잘못된 방향으로 가게 된다. 이 방법은 조기훈련을 받지 않은 생후 8주가 넘은 개를 훈련시킬 때 매우 유용하다.

　켄넬에서만 자란 개는 밖에 나오면 지나치게 흥분하게 되므로 우선 켄넬 안에서 천천히 걷게 하면서 줄을 당기는 신호에 의한 '멈춰' 훈련을 한다. 그것이 잘 받아들여지면 밖으로 나와서 계속하는 것이 좋다.

　멈춰있는 시간을 조금씩 늘려 보고, 그것이 잘 되면 새를 숨겨두었다가 그쪽으로 데리고 가서 개가 냄새를 맡는 순간 멈추게 한다. 그것을 반복하면 개는 새냄새를 맡는 순간 반사적으로 포인을 하게 된다.

　가끔 새를 회수해 오도록 해서 개를 기쁘게 해주는 것도 좋은 방법이다. 줄의 당김과 새의 냄새를 '멈춰' 명령으로 인식하고 나면 음성명령을 덧붙인다. 즉 줄을 당기고 나서 '멈춰' 라고 말한다. 그것을 반복한 후 그 순서를 바꿔서 '멈춰' 라고 말한 다음 줄을 당긴다. 그런 훈련을 반복하면 '멈춰' 명령 뒤에 곧이어 줄이 당겨질 것임을 예측할 것이다. 그렇게 되면 음성 명령만으로 개를 멈추게 할 수 있다.

이 훈련은 한 가지 명령에 두 가지 이상의 신호가 있다는 것을 개에게 인지시켜 준다. 줄의 당김, 새 냄새, 음성명령 등이 모두 멈추라는 의미임을 깨닫는 것이다.

개는 동일한 명령에 3가지 신호까지 인식할 수 있다고 보는 것이 일반적이지만 새 냄새, 음성명령, 총의 발사, 새가 날아오르는 것 등이 멈춤을 의미하기도 한다. 여기에 줄을 당기는 것도 신호에 포함될 수 있다.

(2) 둥근 통을 이용한 '멈춰' 훈련

'멈춰' 명령을 제대로 이행하지 못하는 개를 효과적으로 훈련하는 방법은 개로 하여금 불안감을 느끼게 하는 방법이다. 즉, 명령이 아니라도 멈출 수밖에 없는 환경을 만들어주는 것이다. 이 장에서는 둥근 통을 이용한 방법을 소개한다.

새 둥근 통은 미끄러워서 그 위에 올라서기 어려우므로 녹슨 드럼통이 좋다. 물론 드럼통을 구하기 힘들면 통나무 등을 이용해도 된다. 오래된 녹슨 드럼통을 구할 수 없으면 새 드럼통 위에 개가 미끄러지지 않도록 두꺼운 천을 덮어 사용해도 괜찮다.

큰 나무 아래 드럼통을 옆으로 뉘어 놓는다. 이 때 드럼통이 흔들리지 않으면 아무 소용 없다. 개에게 불안감을 줄 수 있어야 한다. 그리고 개의 목걸이에 연결된 줄을 나뭇가지에 걸어서 그 끝을 쥔다. 이 때 개의 목에 사슬 목걸이를 매주면 다칠 염려가 있으므로 가죽 제품을 매주는 것이 좋다.

개가 드럼통 위에 올라가면 조련사는 균형을 잡을 수 있도록 도

개를 드럼통 위에 올려놓고 '멈춰' 명령을 내린다.

와 준다. 드럼통 위에서 개가 함부로 움직이면 미끄러져 공중에 매달리게 될 것이다.

영리하고 순종적인 개라면 한번 그런 일을 당하고 나면 다시는 그런 일이 없을 것이지만, 둔하거나 반항적인 개는 몇 번이고 미끄러져서 혼쭐이 난다. 개가 미끄러지면 둥근 통 위에서 다시 균형을 잡을 수 있도록 도와 준다.

'멈춰' 명령을 하면서 개의 머리가 들려질 정도로 줄을 당기면 개는 몇 분이건 가만히 있을 수밖에 없다. 개가 '멈춰' 명령을 이해했더라도 그것을 잊지 않도록 계속 반복해야 한다. 그렇게 해서 훈련이 완성되었다고 생각되면 줄을 쥔 채로 나무 뒤에 숨어서 지켜

'멈춰' 훈련이 익숙해지면 종이비행기를 날려 보거나 줄을 쥔 채로 나무 뒤에 숨어서 지켜본다.

본다. 개는 주인을 찾으려고 몸을 돌리다가 균형을 잃고 미끄러지

면 훈련은 계속되어야 한다.

개를 조금 혼란스럽게 만들어보는 것도 좋다. 종이접시를 날려보기도 하고 줄이 허용하는 범위에서 둥근 통 주위를 빙빙 돌거나 나무 뒤에 한참 동안 숨어 있어 본다. 어떠한 유혹에도 흔들리지 않게 되면 비로소 합격이다.

둥근 통 위에서 훈련이 완성되면 둥근 통 아래서도 명령에 응해야 함을 인지시켜야 한다. 명령이 장소에 상관없이 적용된다는 사실을 개에게 이해시키려면 장소를 바꾸어 5~6회 정도는 반복해야 한다.

개를 둥근 통 아래 내려놓고 왼손에 줄을 잡고 오른손을 들어 '멈춰' 명령을 한다. 명령에 따르지 않으면 줄을 당겨 앞다리가 들려지게 한다. 개는 반사적으로 동작을 멈출 것이고 그것을 반복하게 되면 '멈춰' 명령에 귀를 기울일 것이다.

둥근 통 훈련은 일주일에 2~3회 정도가 적당하고, 적어도 몇 주는 계속해야 개의 기억에 확실하게 남을 수 있다.

개는 사람에게 달려오려는 본능이 있으므로 훈련중에는 반드시 개의 옆이나 뒤에 있도록 한다.

(3) '멈춰' 명령에 앉으려는 습관 교정

대부분의 개는 '멈춰' 명령을 받으면 멈추어 서지만 그 자리에 앉아버리는 개도 있다. 앉기를 좋아하는 개는 서 있게 하기 어렵

포인할 때나 '멈춰' 명령을 받았을 때 앉으려고 하는 개는 그림과 같이 줄을 묶어 위로 잡아당긴다.

고, 서 있기를 좋아하는 개는 앉게 하기 어렵다.

타고난 성향은 어쩔 수 없는 것이지만 지속적인 훈련을 통해 습관을 고쳐주는 게 좋다. 그리 흔한 경우는 아니지만 개가 앉아서 포인을 한다면 보기에도 좋지 않을 뿐만 아니라 그런 개에게 열성을 기대하기도 어려울 것이다.

'멈춰' 명령을 내렸을 때 절대 앉지 못하도록 하기 위해 개의 목이 아니라 몸통에 줄을 매고 드럼통 위에서의 훈련을 계속한다. 허리에 줄을 맨 상태에서 앉으려다 몇 번 혼이 나면 앉으려는 버릇이 고쳐진다.

개가 앉기를 좋아하는 성향이라면 드럼통 위에서의 '멈춰' 훈련 중에 이미 확인되었을 것이다. 만약 그 성향이 뒤늦게 발견되면 드럼통 훈련으로 다시 돌아가야 한다.

앞에서 설명했듯이 개의 몸통에 줄을 매고 '멈춰' 명령에 앉으려고 하면 줄을 잡아당기는 훈련을 충분히 해야 한다. 그러면 엽장에 나갔을 때 개의 몸에 줄을 매 주기만 해도 개는 곧바로 그것을 상기한다. 줄을 가지고 다니다가 살짝 쳐주기만 해도 된다.

포인을 할 때 서 있지 않으면 안 될 장소에 새를 숨겨두는 것도 좋은 방법이다. 진흙탕이나 물웅덩이에서 포인을 하게 되면 서 있을 수 밖에 없을 것이다. 단, 추운 날이어야 한다. 무더운 날이면 아예 물웅덩이에 드러누울 수도 있다.

(4) 휘슬 신호

이제 '멈춰' 훈련에 새로운 도구, 휘슬을 사용해 보자. 개가 먼 곳에서 달리고 있을 때 사용하면 효과적이다.

휘슬 신호가 음성보다 좋은 이유는 멀리까지 전달되고 자칫 목소리에 드러날 수 있는 주인의 감정도 숨길 수 있다는 것이다.

'멈춰' 명령은 날카롭게 단 한 번 부는 것으로 족하다. 만약 휘슬 신호에 반응하지 않는다면 드럼통 훈련으로 다시 돌아간다. 드럼통 위에 서 있는 개에게 휘슬을 분 다음 '멈춰' 명령을 하면 된다. 단, 훈련을 지속적으로 실시하지 않으면 잊어 버릴 수도 있다는 사실에 유의해야 한다.

(5) '멈춰' 훈련의 마무리

'멈춰' 훈련을 마쳤다 해도 드럼통 위나 그 주변이 아니면 복종할 필요가 없다고 생각할 수 있으므로 확인해 보아야 한다.

아직 '따라와' 명령을 완전히 익히지 못했더라도 상관없다. '따라와' 명령을 하면서 훈련사가 먼저 왼발을 떼서 걷기 시작하다가 '멈춰' 명령을 한다. 우선 목줄을 당기지 말고 음성 명령에 반응하는지를 살핀다. 만약 반응하지 않으면 줄을 당기면서 더 엄한 목소리로 '멈춰' 명령을 한다.

장소에 상관없이 명령에 복종해야 한다는 것을 강조하기 위해 다양한 장소에서 '따라와 – 멈춰' 명령을 반복한다. 음성명령만으로 반응할 때까지 계속해야 한다.

4. '이리와'

(1) 음성신호

조기훈련을 마친 개라면 이미 '이리와' 명령에 익숙해 있을 것이지만 이제부터는 주인이 부르면 언제든지 와야 한다는 것을 깨우쳐 줘야 한다. 개가 마음껏 달리도록 해서 기운을 미리 빠지게 해두면 명령이 보다 쉽게 전달된다.

달리고 있을 때 멈추게 해서 개가 몸을 돌릴 때 '이리와' 라고 명령한다. 이 때 개의 이름을 불러 주면 더욱 좋다. 개를 부르고 나서

개의 목을 감아서 친근감을 표현한다. 누가 주인인지를 확실히 하는 데도 도움이 된다.

주인이 무릎을 꿇는다. 만약 개가 달려오지 않으면 줄을 당겨서 오게 한다.

그러나 너무 거칠게 해서 '이리와' 명령이 기분 나쁜 경험이 되어서는 곤란하다.

개가 가까이 오면 다정하게 '이리와' 라는 말을 반복하면서 끌어당긴다. 그리고 먹을 것을 주거나 '잘했어' 라고 칭찬 해주면 좋다.

(2) 휘슬 신호

'이리와' 음성 신호를 익혔으면 휘슬을 사용해 본다. '휫 휫 휫' 식으로 짧게 여러 번 부는 '이리와' 신호와, 길게 한번 부는 '돌아와' 신호는 그 용도가 비슷하다.

'돌아와' 신호로 휘슬을 길게 부는 것은 명령에 따르지 않는 개로 인해 화가 난 조련사를 진정시켜 줄 시간적인 여유를 주기 위함이고, 여러 번 부는 이유는 한 두 번 정도로 개의 즉각적인 주의를 끌기 어렵기 때문이다.

짧게 한 번 부는 '멈춰' 신호와는 확실히 구별된다.

무엇엔가에 달려드는 개를 즉시 제지하기 위한 '멈춰' 명령은 당연히 짧을수록 좋다.

음성 – 휘슬(이리와 – 휫휫휫) 순으로 훈련을 충분히 하면 개는 '이리와' 음성 명령만 들으면 곧이어 휘슬 소리가 들릴 것임을 예측한다.

그런 다음 휘슬 – 음성(휫휫휫 – 이리와) 순으로 바꾸어서 훈련을 계속하면 휘슬 소리를 듣고 음성 명령을 떠올릴 수 있을 것이다.

그렇게 해서 휘슬 신호만으로 명령을 전달할 수 있게 된다. 음성과 휘슬 중 한가지만 들어도 나머지 한 가지를 자동으로 연상할 수 있도록 연습을 충분히 시킨다. 그것이 되면 휘슬이나 음성명령 중 한 가지만 해본다.

사냥을 떠나면서 휘슬을 빠뜨리고 갈 수도 있기 때문이다. 주의할 점은, 휘슬을 지나치게 자주 사용하면 개를 신경과민으로 만들 수 있다. '휫휫휫…' 소리는 시내 중심가의 교통신호를 연상시키기에 충분하다.

(3) 실행

'이리와' 명령을 익혔으면 그것을 엽장에서 실행해 보아야 한다. 사냥이 끝나면 대체로 '이리와' 명령이 개를 불러서 엽장을 떠나게 되는데, 그것이 2~3차례 반복되면 '이리와' 명령으로 사냥을 마친다는 의미라고 착각할 수도 있다.

그러므로 개가 달리는 중에도 가끔 '이리와' 명령을 해서 '이리와'가 사냥의 끝이라는 생각을 갖지 않게 해주어야 한다.

또 개에게 있어 장소는 매우 중요하다는 사실을 상기시켜 줄 필요가 있다. 매번 같은 장소에서 사냥을 마치고 '이리와' 명령으로 개를 불러서 집으로 돌아온다면 그 장소가 곧 마침을 의미하게 될 것이다.

매번 다른 장소에서 사냥을 마치는 게 좋다.

개의 집중력은 약 15초를 넘지 않는다고 한다. 사냥을 마치면 '이리와' 명령으로 개를 불러서 15초 정도만 어루만져 주거나 칭찬을 해주면 자신이 방금 '이리와' 명령에 응했었다는 사실을 잊고 그것이 엽장을 떠나는 것과 연관시키지 못한다.

매번 다른 장소에서 사냥을 마친다 해도 이 방법을 병행하는 것이 확실하다.

5. '들어가'

켄넬에 들어가기 전 일단 멈추게 해야 한다. 이 때 '멈춰'명령을 할 수도 있지만 그림과 같이 손을 들거나 줄을 살짝 당겨주는 것이 좋다. '멈춰'명령과 이런 상황에서 잠시 멈추는 것을 혼동하지 않게 하기 위해서다.

이제 '들어가' 명령을 훈련해 보자. '들어가' 명령을 가르치기 위해 특별히 시간을 낼 필요는 없다.

사냥에서 돌아와 개를 견사에 들여보낼 때 잠시 멈추게 하고, '들어가' 라고 말하면서 한쪽 팔을 앞으로 쭉 뻗기만 하면 그 팔만 보고서도 안으로 들어간다.

만약 말을 듣지 않으면 목걸이를 다른 한 손으로 쥐고 물리적인 압력을 가할 수도 있다.

좀더 효과적으로 들어가게 하기 위해 엽장을 떠나면서부터 목이 마르게 해서 물로 유혹할 수도 있다. 혹은 식사 시간에 사냥에서 돌아온다면 먹이를 이용해서 좀더 빠르게 들어가게 할 수도 있다.

'들어가' 명령 전에는 반드시 잠시 멈추게 하는 것이 좋다. 그것

켄넬 앞에서 '들어가' 명령을 수신호와 함께 하고 있다.

은 견사에 들어갈 때는 불필요해 보이지만 자동차에 태울 때는 필수적이다.

몸에 진흙이나 잡풀을 잔뜩 묻히고 곧바로 올라타서 시트를 더럽힐 수가 있는 것이다. 이 때 잠시 개를 멈추기 위해 '멈춰' 명령을 사용하기도 하지만, 끈을 당겨서 신호를 주는 것이 더 좋다.

어딘가에 들어가기 위해 잠시 멈추는 것과 '멈춰' 명령을 혼동하지 않도록 하기 위해서다.

6. 동조포인과 멈춰

다른 사람과 함께 사냥을 나가 여러 마리의 개를 한꺼번에 풀어

놓으면 개들이 산만해져서 수색은 물론 포인도 제대로 하지 못하게 된다.

두 마리 이상의 개를 데리고 사냥을 할 때 문제점은 한 마리가 먼저 냄새를 맡고 포인하면 다른 개도 함께 포인을 해야 하는데 실제로 그것이 쉽지않다.

한 마리가 냄새를 맡지 못했더라도 다른 개가 포인을 하면 습관적으로 멈추어서 포인 자세를 취할 수있도록 하기 위해서는 먼저 새를 숨겨둔 후 포인하고 있는 선배 개 곁에서 함께 포인을 시킨다.

바람이 알맞게 불어 훈련받을 개가 새의 냄새를 맡을 수 있으면 더욱 좋다. 이 때 새의 냄새가 나든 안 나든 다른 개가 포인을 하면 함께 포인 자세를 취해야 한다는 것을 깨달을 때까지 계속해서 훈련을 반복한다.

그러나 훈련이 반복되어도 본능적으로 그것을 이해하지 못하는 개도 있다.

만약 이 훈련을 이해하지 못한 개라면 개줄을 사용해야 한다. 다른 개가 포인하는 동안 '멈춰' 명령으로 움직이지 못하게 한다.

만약 움직이려 하면 다시 '멈춰' 명령을 하면서 원위치시킨다. 그래도 말을 듣지 않으면 초크 체인을 써서 버릇을 고쳐야 한다. 훈련을 함께 시킬 선배 개가 없다면 가짜 개를 사용할 수도 있다. 판지에 포인 자세를 취하고 있는 개의 모양을 그려서 세워두면 그것을 보고 반사적으로 멈춰서서 포인자세를 취한다. 실제로 해보면 그 효과에 놀라게 된다.

7. '따라와'

지금까지 기본적인 명령어는 모두 익힌 셈이다. 그러나 보다 훌륭한 사냥개를 원한다면 '따라와', '앉아 – 이리와', '엎드려' 등 3가지 명령어가더 필요하다. '멈춰' 명령에서 '따라와' 가 잠시 소개된 적이 있었다. '따라와' 는 음성이나 휘슬보다 개줄을 이용하는 것이 좋다. '따라와' 훈련을 왜 먼저 시키지 않았는지 궁금할 것이다.

'멈춰' 명령과 함께 '따라와' 를 훈련시키지 않은 이유는 무엇일까. '따라와' 를 '멈춰' 와 함께 가르치면 엽장에서도 개들이 헌터 뒤만 따라야 한다고 생각하게 될지도 모르기 때문이다.

훈련은 개줄을 이용해서 한다. 수시로 방향을 바꾸어야 하므로 케이블 사용은 곤란하다.

'따라와' 명령을 하면서 개가 훈련사 곁에서 걷도록 한다. 줄을 바짝 당겨서 압박감을 주는 일이 없도록 한다.

개가 30~60cm 정도 앞서 나가면 갑자기 반대 방향으로 몸을 돌린다. 개줄이 당겨지면 개의 몸이 뒤틀려 큰 충격을 받게 된다. 갑자기 방향이 바뀌어 충격을 받게 되면 개는 우선 주인을 쳐다볼 것이다.

명령을 어겨서 받은 충격이므로 필시 그것이 주인으로부터 온 것이라고 생각하는 것이다. 바로 그 순간 훈련사와 눈이 마주치게 되면 개가 확신을 갖게 될 것이고, 그러면 개는 훈련에 싫증 나게 되므로 눈이 마주치지 않아야 한다.

눈을 마주치지 않으면 개는 갑작스런 충격이 어디서부터 온 것인지 확신을 갖지 못할 것이고, 더구나 이미 반대방향으로 걸어가고 있는 주인을 의심하기는 어렵다. 개가 주인을 쫓아오면 '따라와' 명령을 하면서 제 위치에 가도록 한다. 그러한 과정을 반복하되 절대로 눈을 마주쳐서는 안 된다는 사실을 명심하도록 한다.

'따라와' 명령을 익혔다고 생각되더라도 방심하면 안 된다. 잊어버릴 수도 있고 당신에게 반항하려 들 수도 있다.

개에 따라 다르지만 특히 지배적인 성격의 수컷은 몇 번이고 주인에게 반항하려 든다.

명령을 받으면 주인의 눈을 피하려는 개가 있는데, 명령을 듣지 못한 척하면서 명령에 따르지 않으려는 것이다. 그럴 때 초크 체인을 매서 정신을 바짝 차리도록 해주어야 한다.

그러나 보통의 개라면 몇 분 동안만 '따라와' 훈련을 해주면 당신 곁에서 얌전히 걸을 것이다. 그러면 칭찬을 해준 다음 일단 그날의 훈련을 마치고 다음날 하는 것이 좋다.

속도와 방향에 상관없이 따르기를 할 때가지 계속 반복한다. 개가 당신을 앞질러 달려나가고 싶은 욕망을 느낄 때도 있을 것이다.

지나가는 다른 개나 고양이 같은 것은 매우 유혹적이다. 그러나 어떠한 경우에도 '따라와' 명령을 어기지 않아야 훈련이 완성된 것이다. 순종적인 개를 따르게 하기는 매우 쉬운 일이지만 너무 뒤처지는 경우도 있다. 그러면 개가 당신의 바깥쪽으로 돌 때 따르기가 매우 벅찰 것이다. 충분한 연습으로 교정해 주어야 한다.

너무 멀리 떨어지거나 바짝 붙어서 따르는 경우 긴 막대를 목걸이에 고정하여 적당한 거리를 유지하면 고쳐질 수 있다.

8. '앉아 - 이리와'

(1) '앉아' 명령의 필요성

집이나 자동차 안에서 개를 앉혀야 할 상황이 종종 있을 것이므로 훈련에 '앉아' 명령을 첨가하는 것이 좋다.

그러나 '앉아'는 그리 인기있는 명령어는 아니다. 개에게 '앉아'를 연습시키면 포인하면서 앉아버릴 수가 있다고 생각하는 헌터들이 있는데, 그것은 숨겨둔 새나 새의 깃털로 포인 훈련을 시킬 때나 있을 수 있는 일이다. 엽장에서 살아 있는 새를 포인하면서 엉덩이로 깔고 앉을 개는 거의 없다.

(2) '앉아'를 훈련시키는 방법

당신의 왼발을 개의 뒷다리 뒤에 두고 '앉아' 명령을 하면서 개의 가슴을 당겨주어 개를 주저앉게 한다.

개가 일어서려 하면 다시 앉힌다. '앉아' 명령에 개가 계속 그대로 앉아 있게 하려면 '그대로 있어' 명령을 덧붙여 주면 된다.

만약 '멈춰' 명령이 아직 확실하지 않다면 이 훈련은 미루어 두는 것이 좋다. '멈춰'와 '앉아'를 혼동하게 되면 곤란하기 때문이다. '멈춰' 훈련에 조금이라도 문제가 있다고 생각하면 이 훈련은 하지 않는 것이 좋다.

굳이 두 가지를 함께 훈련시켜야겠다면 다른 장소에서 다른 날 실시하도록 한다.

9. '엎드려'

'엎드려'가 기본적인 명령에 포함되던 때도 있었다. 조류사냥에 그물을 사용하던 시절에 새를 향해 던지는 그물을 피하도록 하기 위해 포인을 할 때 엎드리도록 훈련을 시켰던 것이다.

요즘에는 그럴 필요가 없어졌지만 집이나 자동차 안에서 '엎드려'가 필요할 수 있고 필드에서 철조망이나 담 밑을 기어서 통과해야 할 때도 필요할 수 있다.

'앉아' 상태에서 '엎드려'를 시도해 보자. 이미 반쯤 엎드린 셈이므로 개를 놀라게 하지 않으면서 앞다리를 잡아 당긴다. 한 손으로 다리를 당기면서 다른 손으로 개의 코 아래에 먹을 것을 갖다 대면 쉽게 엎드리게 할 수 있다.

10. 엽장에 나가서

(1) 엽견의 통제

많은 헌터들이 개를 풀어주면 도망가 버릴지도 모른다는 두려움을 가지고 있다. 개를 엽장에 풀어놓으면 번개처럼 사라져서 완전히 지쳐야 돌아오는 수가 있긴 하지만, 옛날에 비한다면 그리 흔한 일은 아니다.

전해오는 이야기로 너무 엄격한 주인 밑에서 심한 압박을 받아 기회만 있으면 주인 곁을 벗어나려고 하는 어느 영국산 세터가 있었는데, 그 주인을 보니 명령을 할 때마다 악을 쓰듯 고함을 쳤다고 한다.

그러나 대부분의 헌터들은 예전에 비해 개를 보다 세심하게 다루고 무척 친절하게 대하기 때문에 개가 영영 도망가버릴 일은 그리 많지 않다.

대체로 3년이 안 된 개들은 꽤 멀리까지 가는 경향이 있다. 개가 멀리 가려고 하는 것은 어미로부터 물려받은 본능이거나 사냥에 대한 강한 욕구 때문이다.

만약 당신의 개가 당신이 주로 하는 사냥 형태에 맞지 않는다면 그것은 유전형질에 대항해서 싸워야 한다는 것을 의미한다.

아무리 노력을 하더라도 타고난 성향은 어쩔 수가 없다. 그러나 적어도 부분적으로 수정할 수는 있다.

첫째로 이미 소개한 휘슬 명령법이다. 개가 달리는 중에 여러 번 불어서 최소한 개를 너무 멀리 가지 않게 붙들어 둘 수는 있다.

개를 명령권 밖으로 가지 못하도록 고안된 도구가 몇 가지 있다. 개가 달리면 목에 매단 구슬이 앞발을 치게 해서 지나치게 멀리 가는 것을 막는 도구도 있고, 훈련중 자갈 주머니를 매달아 끌게 해서 주인 주위에만 머물게 하기도 한다.

훈련중 계속 주인 곁에 머물게 되면 은연중 주인 곁에 있어야만 새를 찾을 수 있다고 생각하게 된다.

최근에는 전기훈련기를 개의 목에 달아서 멀리 나가면 진동을 가하기도 한다.

주위에 숨겨둔 새 이외에 다른 새를 발견할 수 없는 환경을 만들어 주는 것도 괜찮다. 만약 숨겨둔 새 외에 다른 새가 많다면 개는 더욱 멀리 가려 할 것이다.

훈련을 시킬 때는 언제나 개가 바람을 안고 달리게 하는 것이 좋다. 엽장에 나갔을 때도 마찬가지다. 바람의 방향도 개가 달리는 성향에 영향을 미칠 수 있다. 바람이 불어오는 방향으로 달리면 냄새를 맡기가 훨씬 쉽기 때문에 보다 가까운 거리에서 달리게 된다.

바람을 등지고 달리면 더 멀리 달리게 될 것이다.

항상 역풍으로 달리게 해서 가까이 달리는 것에 익숙해지도록 하는 것이 좋다.

당신 가까이 있는 것이 좋다는 생각을 갖게 하는 방법도 있다.

부드럽게 말을 건네거나 쓰다듬어 주어 행복감을 느끼게 하는 것이다. 혹은 물병을 가지고 다니다가 지친 개에게 물을 주는 것도 좋다.

반대로 너무 가까이만 있으려는 개가 있는데 그것이 더 심각하다. 의욕 부족은 의욕이 넘치는 것보다 다루기가 어렵다. 새 가까이 데려가거나 개 앞에 새를 던져 주어 흥미를 유발해 본다.

그러나 멀리 가려 하지 않는다고 해서 꼭 새에 대한 흥미가 없는 것은 아니다. 독립심이 부족하기 때문일 수도 있다. 멀리 가려는 개를 가까이 붙들어 둘 수 있다면 소심한 개를 멀리 가도록 부추길 수도 있을 것이다.

시작하라는 뜻의, 빠르게 두 번 부는 휘슬 신호로 앞으로 나가게 할 수 있다. 휘슬을 사용하여 계속 움직이게 하거나 개의 엉덩이에 고무줄 총을 쏘아서 강요할 수도 있다.

(2) 추적과 라운딩

모든 개가 새를 추적할 수 있는 것은 아니다. 포인터와 세터는 냄새를 찾기 위해 머리를 숙이지 않고 코를 높게 하여 새의 체취를 맡는다.

당신의 개가 달아나는 새를 어떻게 다룰 것인지는 그 개의 혈통에 달린 문제이며, 그것은 어릴 때부터 알 수 있다.

손이나 먹을 것을 개의 코에 대고 이끌었을 때 그것을 따라온다면 그 개는 추적을 할 수 있다.

다리가 충분히 자라지 않은 어린 강아지일 때는 추적을 잘 하다 가도, 다리가 자라면 더 이상 추적을 하지 않는 경우도 있다. 몸이 땅에서 멀어지게 되면 불편한 자세로 코를 땅에 대는 것보다 공기 중의 냄새를 맡는 것이 훨씬 쉽기 때문이다. 그런 개는 추적보다는 라운딩에 적합하다.

아직 추적 본능에 대한 확신이 없다면 지금이라도 시험을 해보 자. 고깃덩이를 5m 정도 땅에 끌고 나서 그것을 떨어뜨려 준다. 그리고 그 시작점에 개를 데리고 가서 손가락으로 가리키며 추적 하게 한다.

필요하다면 옆에 앉아 다정하게 다독거려 주면서 관찰해 보면 개가 추적에 소질이 있는지 알 수 있을 것이다.

추적을 할 수 있는 개는 그렇지 못한 개보다 좀더 느리고 세심하 다. 도망가는 새에 달려들어 덥썩 무는 일도 거의 없다.

이 훈련에서 중요한 점은, 휘슬을 사용하여 개를 즉시 멈추게 할 수 있어야 한다는 것이다. 그것은 추적당하는 새가 갑자기 날아오 를 경우나 개가 사정권 밖으로 멀어질 때 필요하다.

새가 갑자기 날아오르면 일단 개를 멈추게 하고 총을 쏘아야 하 며, 개가 너무 멀리 가면 잠시 멈추게 해서 따라가야한다. 추적 훈 련 전에 이 점을 미리 확실히 해두는 것이 좋다.

(3) 추적훈련

개에게 추적을 가르치기 전에 왜 그것이 필요한지 먼저 생각해볼 필요가 있다. 단지 총에 맞고 도망가는 꿩을 추적하기 위해서라면 오리로 훈련을 시키는 편이 낫다. 개가 오리를 포인하는 일은 없기 때문이다. 건강한 새를 추적할 때는 새를 매우 조심스럽게 다루어야 한다. 새가 달려갈 때는 따라가고, 멈추면 같이 멈추어서 포인을 해야 한다. 보다 중요한 점은 너무 바짝 붙거나 새를 긴장하게 해서 날아오르게 하면 안 된다는 것이다.

개가 새 뒤에 너무 바짝 붙으면 짧게 한번 부는 휘슬 신호로 즉시 멈추게 한다.

만약 개가 새를 잡아서 물어오면 너무 야단을 치지 말고 칭찬도 하지 않으면서 새를 받도록 한다. 그리고 새에 너무 가까이 가지 못하게 휘슬로 컨트롤 해준다. 추적 훈련에서는 날지 못하도록 특수한 기구를 장착한 비둘기로 훈련을 시작한다.

비둘기는 대체로 잘 달리지 못하지만 상당히 잘 달리는 놈도 있다. 비둘기를 은신처가 거의 없는 트인 곳에 풀어놓고 '멈춰' 상태의 개를 '됐어' 명령으로 풀어 준다. 비둘기에 너무 가까이 가면 휘슬로 제어한다. 가능하면 5~6m 거리를 유지하게 한다. 비둘기가 움직이면 따라가게 하면서 비둘기가 멈출 때마다 멈추게 한다.

이렇게 눈으로 보면서 하는 추적 훈련을 너무 자주 시키는 것은 좋지 않다. 적당한 거리에서 포인하고 따라가기에 익숙해지면 더 높은 단계인 냄새 추적 훈련을 시작한다. 냄새 추적 훈련에는 꿩이 좋다. 몸집이 커서 냄새도 강하고 달리기도 매우 잘 하기 때문이다. 6m 정도 길이의 가벼운 줄을 사용하여 한쪽 끝으로 꿩의 날개 부분을 매어 날지 못하게 만든다.

줄의 나머지 부분은 늘어뜨려 끌리게 한다. 훈련의 초기 단계에서는 줄의 끝에 고리를 만들어 장애물에 걸리기 쉽도록 해서 꿩의 속도를 줄여주는 것도 좋은 방법이다.

은신처가 빽빽한 곳에서는 꿩으로부터 개 쪽으로 바람이 불도록 방향을 정한다. 꿩의 가슴털을 몇 개 뽑아서 그 자리에 떨어뜨리고 놓아준 꿩이 달아나 보이지 않게 되면 개를 그곳으로 데리고 간다. 개가 털을 보고 긴장하면 '됐어' 라고 조용히 말하고 추적을 시작하게 한다.

개가 추적을 계속할 것 같으면 개줄을 느슨하게 해준다. 만약 개가 흥분해서 뛰기 시작하면 원위치로 되돌려 놓고 진정시킨 후 계속하게 한다. 달리기에 능한 꿩을 추적하다 보면 꿩과 개가 사정권 밖으로 나갈 수가 있다. 당신이 개를 따라잡지 못해서 너무 멀어지면 휘슬로 잠시 멈추게 해서 따라잡는다. 개를 따라잡고 나면 '됐어' 라고 말한 후 계속 가게 한다.

언젠가는 꿩에 맨 줄이 장애물에 걸릴 것이다. 그러면 개는 당연히 포인을 해야 한다. 만약 보조자가 있다면 당신이 개를 통제하고 있는 동안 걸린 줄을 풀어주게 한다. 보조자가 없다면 줄을 푸는 동안 개를 묶어두고 꿩을 가져와서 개에게 냄새를 맡게 하면서 칭찬을 해준다. 그리고 그것으로 첫 훈련은 끝내는 게 좋다.

다음에는 바람이 옆에서 불어오는 방향으로 추적을 한다. 냄새를 맡기가 조금 어려울 것이므로 개는 좀더 주의를 집중해야 할 것이다.

꿩을 풀어놓고 개를 그쪽으로 향하도록 한다. 개가 추적에 능하게 되면 꿩에 매단 줄 끝의 고리를 풀어 꿩이 장애물에 걸리지 않도록 해서 더 멀리 가게 한다.

(4) 라운딩

사냥을 하다 보면 일부 영리한 개는 일찍부터 라운딩을 배우게 된다. 꿩이 갑자기 개를 만나게 되면 놀라서 방향을 반대 방향으로 바꾸는데, 이 때 개가 매우 영리하다면 주인이 있는 방향으로 꿩을 몰아줄 것이다. 헌터와 개 사이에 몰렸다는 것을 깨달은 꿩은 날아오르기 전에 잠시 머뭇거리지만, 시즌 막바지가 되면 많은 헌터들에게 시달려온 꿩의 경우 바로 날아오르기도 한다. 영리한 개라도 꽤 나이가 들어서야 터득할 수 있는 게 라운딩이기도 하다. 당신의 개가 추적을 할 수 없는 개라면 라운딩이라도 잘 해낼 수 있기를 기대하는 것은 당연하다. 그러나 라운딩은 매우 어려운 것이므로 훈련이 반드시 성공할 것이라고 장담할 수는 없지만 한번 시도해 보는 것도 나쁘지는 않다.

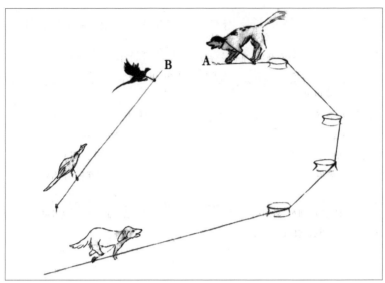

꿩 케이블은 직선으로, 개 케이블은 둥글게 설치한다. 그림과 같이 꿩이 개를 갑자기 마주치면 꼼짝못하고 멈추게 된다.

우선 케이블이 2개가 필요하다. 꿩 케이블은 직선, 개 케이블은 곡선으로 설치한다. 개 케이블을 설치하려면 자동차 타이어 휠이 여러 개 필요하다. 바람은 꿩 케이블에서 개 케이블 쪽으로 불어야 한다. 개의 목에 줄을 매달고 케이블에 연결된 꿩을 포인하게 한다음 곡선으로 설치된 케이블에 연결한다.

꿩이 달리기 시작하면 개도 달릴 것이다. 만약 개가 움직이지 않으면 '됐어' 라고 말하면서 달리게 하고 훈련사는 꿩 케이블을 향해 간다. 꿩이 B지점에 도착했을 때 개는 이미 A지점에서 기다리고 있을 것이다. 놀란 꿩은 어리둥절해서 꼼짝 못할 것이고 개는 포인을 할 것이다. 그러면 새를 붙들어서 개에게 냄새를 맡게 하고 훈련을 마친다.

바람의 방향에 따라 개 케이블의 위치를 꿩 케이블의 왼쪽이나 오른쪽으로 바꾸어 볼 수도 있다. 어떤 경우든 꿩 케이블 쪽에서 바람이 불어오게 해야 한다.

방향을 바꾸면 문제가 되는 경우도 있다. 오른쪽을 잘 하는 개가 있는 반면 왼쪽을 잘 하는 개도 있다. 사람도 극장에 가거나 버스를 탈 때 무의식적으로 혹은 습관적으로 왼쪽이나 오른쪽에만 앉는 것처럼, 한쪽 방향으로만 하려는 개도 있을 수 있다. 이 훈련에서 중요한 점은, 즉각적인 결과를 기대하지 말고 인내심을 가지고 꾸준히 노력해야 한다는 것이다.

엽견훈련은 많은 시간과 노력이 필요하다. 지금까지 소개한 훈련법을 참고하여 인내심을 갖고 꾸준히 훈련을 시키되 어떤 특정 훈련에 문제가 있으면 그 훈련에 대해 보다 특별한 애정을 갖고 임하도록 한다. 지나치게 나무라면 오히려 개를 위축시키며 더욱 심각해질 수가 있다. 화가 난 주인으로 인해 위축된 개는 제 능력의 50%도 발휘할 수 없다는 사실은 과학적인 실험으로 입증된 사실이다. 단, 개가 말을 듣지 않을 때 그대로 넘어가면 그 개는 영영 못 쓰게 될 수도 있다는 사실을 명심하도록 하자. 애정을 갖고 대하되 개의 불복종은 절대 방관하면 안 된다.

다른 명령은 잘 듣는데 유독 '앉아' 명령만 잘 듣지 않는다면 무작정 강요만 해서 사이만 나빠지게 하지 말아야 한다. 개가 좋아하는 먹이를 들고 다가가면서 '앉아' 명령을 해서 개가 복종하면 다가가고, 그렇지 않으면 멈추는 식으로 훈련 하면 상당한 효과를 볼수 있다. 두려움의 대상이 아닌 애정을 베푸는 사람으로 자신을 인식시켜 개가 기꺼이 주인의 명령을 따르도록 이끄는 것이 엽견훈련의 핵심이라 할 수 있다.

4 훈련기 이칼라 (E-Collar)를 이용한 훈련법

1. 입문

(1) 개의 훈육과 훈련의 중요성

개에게 있어서 훈육과 훈련은 매우 중요한 부분이다. 대다수 수렵인들이 사냥할 때는 개를 필요로 하지만 사냥이 끝난 후엔 귀찮아 하는 원인 중의 하나가 바로 훈련이 결여됐기 때문이다.

훈련된 개는 개 스스로도 고귀성을 갖지만 주인 또한 만족감을 느낄 수 있어 사냥의 보조자 일 뿐 만 아니라 생활의 동반자로서 만족감을 느낄 수 있다.

훈련지침서에 보면 "당신의 개에게 보여 줄 수 있는 가장 큰 사

잘 훈련된 개는 사냥의 보조자이자 생활의 동반자로서 헌터와 가족에게 만족을 준다.

랑은 개가 훈련을 통해서 똑바로 명령에 따를 수 있도록 해 주는 것이다." 라는 훈련을 시켜야 되는 이유를 밝힌 문구가 있다. 반대로 훈련이 되지 않은 개는 주인의 구박과 짧은 쇠사슬에 묶여 고통의 나날을 보내게 된다.

이 또한 개의 입장에서 보면 불행한 일이 아닐 수 없다. 많은 사람들이 사냥할 때는 훌륭한 보조자로서 개를 원하고 사냥철이 끝나도 가족의 일원으로 인생의 동반자로서 교감을 주고받을 수 있는 그런 개를 원할 것이다. 그러기 위해서는 훈육과 훈련 못지않게 강아지를 선택하는 안목도 대단히 중요하다.

(2) 강아지의 심리 파악

훈련에 들어가기 전에 또 하나의 유념할 점이 있다. 사람의 성격도 제 각각이듯 강아지도 여러가지 성격이 있다. 예를 들면 대범한 개, 침착하지 못한 개, 경계심이 많은 개, 기회만 있으면 도망가려는 개, 사물에 대한 의욕이 없고 금방 싫증을 내는 개 등 여러 유형으로 나타난다. 훌륭한 사냥개가 되기 위해서는 신중하면서도 대담한 성격, 사물에 대한 집착력, 주인에 대한 절대적인 복종, 높은 지적능력, 명랑 쾌활하여 기꺼운 마음으로 행동에 옮길 수 있는 행동 등이 요구된다. 이러한 강아지를 만나기는 어려운 일이지만, 사람은 지극히 높은 안목과 개의 능력을 헤아릴 수 있는 사고능력을 충분히 쌓아왔기 때문에 좋은 강아지를 선별할 줄 알고 훌륭하게 훈련시킬 수 있는 것이다.

(3) 훈련의 종류

일반 가정견이나 특수견의 경우에는 40여 가지의 훈련방법이 보편화 되어 있다. 사냥개 훈련에는 대략 스무 가지의 명령어가 있다. 사냥터에서 사용할 수 있는 중요한 명령어만 가지고 훈련에 돌입해 보자. 나중에 설명하겠지만, 명령어에는 복합어로 된 명령어가 있기 때문에 실질적으로 사용하는 명령어는 몇 가지 되지 않는다. 이 가운데 가장 중요한 것은 복종훈련으로, 훈련의 종류에는 이리와(Here), 따라와(Heel), 앉아(Sit), 엎드려(Down), 기다려(stay) 안돼(No) 등이 있다. 지시훈련 종류에는 워엇(Whoa), 방향전환(Ho), 가져와(Fetch), 앞으로(Go), 물어(Hold), 들어가(Kennel) 등이 있다.

2. 이 칼라(E-collar)의 이해

(1) 이칼라의 효능

유럽이나 미국 등 애견 선진국에서는 오래 전부터 이칼라를 이용하였다. 최소한의 노력으로 최단시간 내 최상의 훈련을 이끌어내는, 훈련에 꼭 필요한 훈련기로서 자리매김한 지 오래이다. 현재 우리나라 애견훈련소에서도 대다수 훈련사들이 훈련방법의 질적

향상과 이칼라를 함께 사용하고 있으며 앞으로도 이칼라는 지속적인 호응을 얻을 것이다. 그럼에도 불구하고 사냥견 훈련이 열악한 우리나라 실정에서(사냥견은 가정견 훈련과 다른 부분이 많음) 순수한 아마추어 사냥인들에게 이칼라의 효능을 정확히 전달해 주지 못해 고작해야 사냥터에서 사냥견을 불러들이는 이리와(Here)용도와 안돼(No)용도로 밖에 사용하지 못하는 실정이다.

이칼라는 사냥견과 사냥인들을 연결해주는 언어 판독기이며 교감의 일체감을 통하여 불러들이기도 하고(Here), 보내기도 하며(Go), 서 있게 하기도 하고(Whoa), 찾아서 물어오기도 하는(Fetch) 등 다방면으로 훈련시킬 수 있는 훈련보조기이다. 이칼라의 효능을 잘 모르고 있어 짧은 시간 내에 완벽한 훈련을 마칠 수

있는 기회를 잃어 버린 사냥견 애호가들이 너무나 많은 관계로 안타까운 마음을 알기에 이칼라를 이용해서 훈련하는 방법을 소개하

– 다양한 형태의 엽견 훈련기 –

도록 한다.

(2) 이칼라의 기능

가. 연속 자극모드 (Continuous)

연속자극모드는 이칼라의 온(on)버튼을 누르고 있는 동안 연속적인 바이브레이션 자극을 주는 장치로, 사냥견이 명령어를 이행할 때까지 연속적인 자극을 주어 행동으로 옮기게 하는 장점이 있다. 처음 명령어를 이해시키는 데 매우 효과적이며, 진동과 함께 효과음을 낼 수 있는 기계도 있어 훈련의 극대화를 노릴 수 있다.

나. 순간 자극모드(Momentary)

순간자극모드는 닉(Nick) 버튼을 오래 누르고 있어도 1/6초 이상 자극이 가해지지 않으므로 개를 보호할 수 있는 안전장치가 내장되어 있다. 어느 정도 명령어에 익숙한 사냥견에게 명령을 좀더 극대화시킬 수 있는 장점이 있다. 또한 제지훈련에서 연속모드보다는 순간 전기자극을 줄 수 있으므로 매우 효과적이다.

(3)비퍼트레이닝 칼라

근래에 나온 신형 종류에는 이칼라의 자극모드와 함께 비퍼(beeper training)가 부착되어 개의 이동위치 파악이 용이하며, 포인시 연속적(1초간격)으로 소리가 울리므로 헌터가 즉각 알 수 있도록 그 기능이 진일보하였다.

① 런닝모드(Running Mode) : 사냥개가 우거진 수풀에서 수색 할때 개가 보이지 않더라도 4초 간격 내지는 8초 간격으로(간격은 조절 가능) 소리가 울리므로 사냥개의 위치를 정확하게 파악할 수 있으며, 포인시는 연속적(1초간격)으로 비퍼 소리가 울린다.

② 포인모드(Pointing Mode) : 수색할 때는 소리가 나지 않지만 포인에 들어가면 1초 간격으로 소리가 울려 포인 유무를 확인할 수 있다. 마스터(Master)견에게 착용시켜 어린 개를 훈련 시킬 수 있는 이점이 있다. 보통 수렵인들은 비퍼 소리에 의해서 꿩이 도망간다고 믿으나 사실은 그렇지 않다.

③ 위치확인 모드 : 개가 수색할 때나 포인할 때 전혀 소리가 나지 않게 전환할 수 있으며 전기자극만 사용할 때의 모드이다. 또한 개가 수풀에 가려 보이지 않을 때 스위치를 작동하면 비퍼 소리가 삐리릭~하고 누를 때마다 작동하므로 개의 위치를 정확히 알 수 있다.

− 비퍼 트레이딩 칼라 −

(4) 이칼라(E-collar) 착용 시점

대다수의 수렵인들은 '우리집 사냥개는 이칼라만 착용하면 말을 잘 듣고 이칼라를 착용하지 않으면 제 멋대로이다' 라고 불평을 늘어놓는다. 이것은 사냥견의 높은 지능을 가벼이 여긴 결과다.

이칼라로 훈련을 시킬 때는 모형 이칼라나 또는 닉(Nick) 버튼을 작동하지 않는 상태에서 항상 채우고 있어야 한다. 예를 들면 어린 강아지 때부터 이칼라를 채우고 놀게 하며 밥을 먹게 하며 주인과 같이 놀아 주어야 한다.

우리들은 보통 훈련을 시킬 때만 이칼라를 채우고 훈련을 시키는데 이것은 개로 하여금 이칼라의 존재를 알게끔 하는 원인이 된다. 명심해야 할 것은 이칼라를 착용한 즉시 훈련에 임하면 안 된다. 또 훈련이 끝난 후 곧바로 이칼라를 벗겨도 안 된다.

이칼라의 송신기도 항상 주인이 목에 걸고 만지작거리면서 놀아

주어야 한다. 훈련에 돌입했을 때 이칼라의 이질감을 느끼지 못하게 하고 송신기를 작동하면서 개 앞으로나 개 밑으로 돌출적으로 보이는 행동은 주의하여야 한다.

이는 개로 하여금 송신기의 존재를 알게 하는 오류를 범하기 때문이다.

다만 장시간 이칼라를 착용했을 때 개 목에 상처를 줄 수 있으므로 나무 핀으로 된 모형 이칼라를 착용시키거나 부득이한 경우를 제외하고 밤에는 풀어주어야 한다.

(5) 이칼라(E-collar)의 자극정도 찾는 법

이칼라를 착용시키고 가장 낮은 레벨부터 작동해보자. 사냥개가 귓속의 이물질을 털어 내듯 머리를 털든지 갑자기 방향을 바꾸든지 할 때가 가장 적합한 자극 레벨이다.

이 단계에서부터 훈련을 시작하는 것이 적절하다.

처음부터 높은 레벨로 올려 훈련을 시키면 개는 이칼라샤이(E-collar shy,훈련기피증)가 될 수 있다.

(6) 이칼라(E-collar) 작동 시점과 해지 시점

제일 처음에는 명령어를 이해시키는 게 가장 중요하다. 꼭 줄이나 보조자의 도움을 받아 이칼라의 작동과 동시에 사냥견을 명령어대로 유도해야 한다.

예를 들어 사냥개를 풀어 방심하여 놀게 하고 "이리와" 라는 명령을 내리며 동시에 이칼라를 작동하여야 한다. 또한 줄을 급격히 당겨 주인 앞으로 오게 해야 한다.

이 과정을 반복해서 훈련하다 보면 개가 "이리와" 라는 명령어를 이해하고 줄을 당기지 않더라도 반응을 보일 것이다.

다음에는 이칼라를 명령과 동시에 사용하지 말고 "이리와"라는 명령만 내려 보자. 개가 즉각 반응을 보이면 그 개는 명령어를 이해한 것이고 이칼라를 작동할 필요가 없다.

만약 첫 번째 명령만으로 반응을 보이지 않을 때 두 번째 "이리와"라는 명령과 함께 이칼라를 작동해야 한다.

이 과정을 반복하여 훈련하다 보면 이칼라의 작동 없이도 개는 주인 곁으로 올 것이다.

간혹 명령에 안 따른다면 두번째 명령과 동시에 이칼라를 작동하여 "이리와"를 확실히 이해시켜야 한다.

즉 이칼라를 작동시킬 때 명령어를 이해하지 못하는 개는 첫 명령과 이칼라를 동시에 작동해야 되고 명령어를 이해한 개는 첫 명령을 내려 명령을 듣지 않을 때 두 번째 명령과 동시에 이칼라를 작동해야 한다.

또 이칼라를 해지하는 시점에서 개가 그 명령어를 이해하고 움직이려고 하는 순간 즉시 동작을 멈추어야 한다.

예를 들어, "이리와"라는 명령에 방향을 틀려고 하는 순간, "워엇(Whoa)"라고 했을 때 정지하려고 하는 순간 즉각 멈추어야지 그 정도가 지나치면 개는 혼란이 가중되어 잘못 되는 수가 있다.

이칼라의 작동시점과 해지시점은 대단히 중요하므로 많은 연습으로 숙달하는 것이 중요하며 이칼라 훈련의 최대 관점이 된다.

3. 이칼라(E-collar) 훈련의 유의사항

이칼라의 이해는 훈련사가 하는 것이 아니다. 훈련사의 관점에서 이해가 아니라 사냥견의 입장에서 이해해야 한다.

실제로 전기적 자극은 개에게는 대단한 불쾌감을 주게 되므로 개의 입장에서 이 불쾌감에서 빨리 벗어나고자 할 것이다.

훈련사는 개가 어떻게 반응을 해야 이 불쾌감에서 빨리 벗어날지를 일단 이해시켜 주어야 하고(처음 명령어를 이해시킬 때는 줄이나 보조자의 도움을 받아), 개가 반응을 보이려는 순간 즉각 자극을 멈추어야 한다.

처음에는 명령어의 이행에 오류가 생길 수도 있고 늦게 반응할 수도 있으나 지속적인 반복 훈련에 의해 나중에는 즉각적인 반응을 보일 것이다.

처음 명령어를 내릴 때는 줄이나 보조자의 도움을 받아 명령어를 이해시켜 주는 데 주력하자.

명령어를 알지 못하는 개에게 전기적 자극을 준다면 개는 어찌할 바를 몰라 혼란이 가중된다. 급기야 이칼라 기피증이 될 수 있다. 다만 명령어를 알고 있는 개가 반응을 보이지 않을 때는 전기적 자극을 한 단계씩 높이면서 사용해 볼 수 있다.

사냥개에게 명령을 내릴 때에는 평상시 언어습관과는 상당한 차이가 있어야 한다. 우선 명령을 내릴 때는 엄격 냉정해야 한다.

훈련에 임할 때는 같이 재미있게 놀아주던 주인과는 분명히 다르다는 것을 개에게 인식시켜 개 본성대로 행동하도록 해서는 안 된다. 명령을 내릴 때는 간단 명료해야 한다.

항상 엄숙하고 단호하게 같은 단어를 사용해야 하며 절대로 두 개의 명령어를 사용하지 말아야 한다.

예를 들어 "이리와", "앉아"라고 명령하지 말고 "이리와"라고 해서 개가 완전히 주인 앞으로 왔을 때 두 걸음 정도 개에게 다가서며 "앉아"라고 명령해야 한다.

즉, 사냥개는 명령어 하나를 이행하고 또 다음 명령어를 이행할 수 있도록 구분하여 절도 있는 동작으로 이끌어 가야 한다.

명령을 이행한 개에게는 과분할 정도로 칭찬을 해 주어야 한다. 목을 끌어안고 같이 뒹굴며 최상의 분위기를 연출해 주어야 한다. 훈련도중 약간 위축되었던 마음이 명령을 이행했을 때 돌아오는 최상의 기쁨으로 보상해 주는 것이다.

그래야만 개의 눈빛이 예지 발랄하여 탐구적이 되고 다음 명령어를 즐겁게 기다리는 것이다. 명령어를 내릴 때는 다음의 사항에 주의해야 한다.

· 시간 : 시끄러운 시간을 피한다.

· 공간 : 주의가 산만하지 않고 조용한 곳을 택해야 한다. 처음 명령을 이해 시킬 때는 좁은 장소, 개가 익숙한 장소가 좋다.

· 날씨 : 비오는 날이나 더운 여름 등 개들이 싫어하는 요소가 있는 날은 절대 피한다.

4. 이칼라(E-collar)를 이용한 훈련방법

(1) 이리와(Here)

이리와 훈련은 개와의 친화가 전제되어야 한다. 이리와 훈련은 쉬운 것 같으면서도 매우 어려우며, 모든 훈련의 기본이 되는 명령이다. 조그만 울타리나 사슬에 묶여 있던 개들은 넓은 장소에 나가

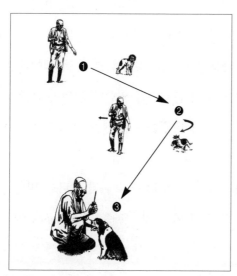

이리와(here)의 훈련법

① 사냥개를 맘껏 뛰어놀게 한 후 "이리와"라고 명령한다.
② "이리와"라는 명령과 함께 사냥개의 반대방향으로 순간적으로 몸을 튼다.
③ 사냥개가 곧장 훈련사 앞으로 달려오면 목덜미를 끌어안고 최상의 보상을 해주어야 한다.

면 그 동안 억압에서 탈출된 해방감, 제멋대로 하고 싶은 충동, 주위의 산만함 때문에 아무리 친화가 잘 되었다 하더라도 잘 오지 않는 법이다.

① 10~15m되는 훈련용 줄을 준비하여 개에게 착용시키자. 처음에는 훈련용 줄을 착용한 채 마음대로 약 10분 동안 뛰어놀 수 있도록 하자.

② 훈련용 줄 끝을 잡고 순간적으로 잡아채며 "이리와(Come)"라고 외치며 줄이 절대 늘어지지 않게 직선으로 주인 앞으로 오도록 유도하자.

처음에는 어리둥절하겠지만 수 차례 되풀이하다 보면 친화가 잘 된 개일수록 그 명령어를 빨리 이해하고 주인에게 오는 시간이 단축될 것이다.

주의할 점은, 처음에는 개가 딴 곳에 정신을 팔지 않도록 훈련용 줄이 늘어지지 않게 팽팽히 지속적으로 당겨 개가 머리를 들고 훈련사 앞에 오도록 해야 한다는 것이다.

훈련사 앞으로 왔을 때에 잊지 말고 목을 감싸 안고 쓰다듬어 주어야 한다.

③ 개가 이리와 명령어에 어느 정도 익숙해졌을 때 훈련용 줄을

지속적으로 당기지 말고 한 번의 동작으로 순간적으로 채주면서 "이리와"를 명령해 보자.

개가 곧장 달려왔다면 이 개는 이리와 라는 명령어를 이해하는 것이므로 이칼라를 사용할 시기이다.

④ '이리와' 라는 명령과 함께 훈련용 줄을 순간적으로 확 채면서 이칼라도 동시에 작동해 보자.

처음 짐짓 이상한 몸짓을 하겠지만 이내 훈련사 앞으로 달려올 것이다.

이 방법을 수차례 반복해 보자. 어느 때인가 이리와 라는 명령만 내려도 될 것이다.

⑤ 훈련용 줄을 풀은 채 이칼라를 사용하여 이리와 명령을 내려 보자. 즉각 명령을 수행한다면 이제부터는 이칼라를 작동하지 말고 이리와를 명령해 보자.

이리와라는 명령만으로 사냥개가 훈련사 앞으로 곧장 달려 올 것이다.

⑥ 만약 첫 번째 명령에 반응하지 않는다면 두 번째 명령에는 이칼라의 작동과 동시에 명령을 내려야 한다.

아마 대부분의 사냥개들은 첫 번째 명령에 반응을 보일 것이다.

이 방법을 반복하여 연습하고 간혹 첫 번째 명령을 어길 때에는 두 번째 명령에는 이칼라의 작동과 동시에 명령을 내려야 한다.

⑦ 훈련의 궁극적인 목표는 훈련용 줄도 없이, 이칼라도 없이 명령만으로 사냥개를 제어할 수 있도록 하는 것이다.
'이리와' 라는 명령만으로 개가 반응을 보인다면 굳이 이칼라를 사용할 필요가 없다.
다시 한 번 강조하거니와 개가 훈련사 앞에 왔을 때는 전기자극의 불안감을 해소시켜 주고 친화를 더욱 돈독히 하기 위한 방법으로 목 부분을 감고 쓰다듬어 주어야 한다.
목소리 명령에 더하여 좀 더 확실한 명령을 내리고 싶을 때는 왼쪽 손바닥으로 왼쪽 허벅지를 쳐주며 허리를 굽히거나 앉아서, 이리와를 명령하면 상당히 효과적이다.

(2) 따라와(heel)

'따라와' 의 명령은 사냥견 훈련에서 만큼은 복합명령어이다.
'옆에 따라와' 와 사냥터에서의 '뒤로' 의 의미가 복합되어 있다.
'따라와' 의 기본동작은 훈련사의 좌측무릎과 사냥개의 우측어깨가 거의 일치하도록 하여 나란히 걷는 것을 의미하나 사냥개에서는 '따라와(heel)' 보다는 '뒤로(Heel)' 의 의미가 더 큰 비중을 차지한다.

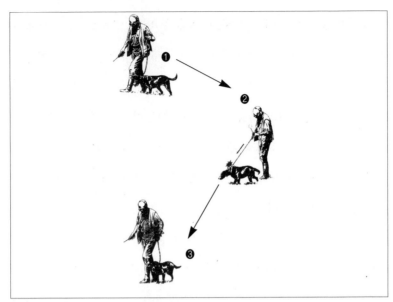

따라 (heel)

① 이 그림은 옆에 "따라(heel)"를 훈련시키는 방법이다.

② 조금 걷다보면 사냥개는 방심을 하게 되므로 훈련사를 앞질러 갈 수도 있고 또는 훈련용 줄에 거부감을 느끼며 뒤에 끌려 올 수도 있다.

③ 이와같이 반복된 훈련에 의해서 "따라(heel)"라는 명령어를 완전히 이해시키고 사냥개가 훈련사 옆에 나란히 걷도록 그 완성도를 높여 나가야 한다.

'따라와' 의 의미가 너무 부각되면 사냥터에서 큰 문제가 발생되므로 헌터들은 '옆에 따라' 보다는 '뒤로' 의 의미로 훈련시키는게 바람직하다.

따라와(heel)의 훈련방법으로는 개를 좌측에 세우고 훈련사는 개의 우측에 붙어 줄을 왼손으로 30cm정도 짧게 잡는다.

오른손은 줄의 여분을 70cm 정도 늘어뜨리고 왼손에 힘을 주어 위로 힘있게 채줌과 동시에 왼쪽 발부터 앞으로 걸어가며 따라와(heel)라는 명령을 내린다.

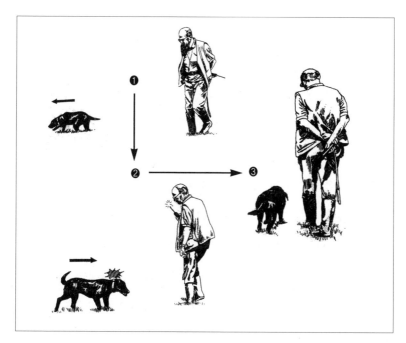

따라 (heel)

① 이 훈련은 이미 사냥개가 "따라(heel)"라는 명령어를 이해했을 때 이칼라 만으로 사냥개를 훈련시키는 방법이다.

② 한참 놀게 한 다음 사냥개의 눈을 마주보고 "따라(heel)"라는 명령을 내림과 동시에 이칼라로 자극을 줘보자.

③ 만약 사냥개가 곧장 달려왔다면 훈련사 왼쪽 무릎 옆에 붙어서 같이 걸어갈 수 있도록 유도한다.

  뒤에 따라올 경우에는 훈련용 줄을 계속 간결하게 채 주며 개가 바로 옆에 붙을 수 있도록 거리를 유도하면서 걸어나간다.

  반대로 앞으로 나갈 때는 뒤로 힘껏 채 주어서 적당한 거리를 유지하게끔 유도한다.

  어느 정도 따라와(heel)가 익숙해졌을 때 왼쪽 훈련용 줄에 의존하지 말고 오른손에 들고 있는 여분의 훈련용 줄을 사용해 보기로 하자.

너무 앞서 갈 때는 개의 코앞으로 여분의 훈련용 줄을 휘둘러 준다. 반대로 너무 뒤처질 때는 오른손 여분의 훈련용 줄을 말채찍을 때리듯 허리 뒤로 돌려 개의 엉덩이 부분을 타격한다.

개는 정상적인 거리를 유지하며 사람 옆에 걸을 것이다. 어느 정도 익숙해졌을 경우에 이칼라를 같이 사용해 보기로 하자.

너무 앞서가거나 뒤처질 때 이칼라로 자극을 해보자. 항상 명령어는 따라와(heel)란 점을 명심하여야 한다.

개의 입장에서 볼 때 너무 앞서가거나 너무 뒤쳐지면 전기적인 자극이 가해지므로 항상 일정한 거리를 유지하려 애쓸 것이다.

개가 거리에 신경을 써 즉각적인 반응을 보이면 재빨리 오른손으로 훈련용 줄을 잡고 왼손으로 개의 목을 감싸주며 칭찬해 주어야 한다.

또한 개와 무심히 걷다가 워엇(Whoa)라고 명령하며 왼손으로 훈련용 줄을 채주어 자극을 주면서 갑자기 서보자.

오른쪽 손동작은 손바닥을 펴서 아래로 개의 콧잔등을 내려치듯이 간결하게 하여야 한다.

만약에 개가 워엇(Whoa)동작을 이해하지 못하고 계속 가려 할 때는 전기적인 자극과 동시에 왼손으로 훈련용 줄을 채 주며 두 발자국 뒤로 뒷걸음을 쳐 주어야 한다.

이 방법이 익숙해지면 개는 워엇(Whoa)이라는 명령어도 이해하여 명령과 동시에 정지하게 되어 있다. 이 명령을 좀더 보강하는 방법으로 다시 한번 따라와(heel)를 명령하여 개와 함께 걷다가 워엇(Whoa)을 시키고 왼쪽 훈련용 줄을 놓은 채 몇 발자국 더 걸어나가 보자. 만약 개가 따라 온다면 개의 눈을 똑바로 쳐다보고 오른 손바닥을 개에게 향하고 강한 어조로 한 발짝 다가서며 워엇(Whoa)이라고 명령한다. 반복하여 개가 명령에 즉각 서게 될때까지 연습해야 한다.

이 연습이 끝나면 개를 세우고 돌아서서 개의 얼굴을 쳐다보며 오른손바닥을 펴 개의 얼굴을 가리듯 정지시킨 후 잠시 후에 이리와(Here)라는 명령을 내려 개가 다가오면 칭찬을 해주어야 한다. 마당에서 따라와는 그다지 중요하지 않고 워엇(Whoa)훈련은 상당히 체계적으로 보강을 시켜야 하기 때문에 따로 기술하기로 하겠다.

필드에서의 '뒤로'(Heel) 명령에 있어서는 헛(Ho) 방향전환 훈련이 전제되어야 하므로 이제부터는 헛(Ho) 훈련에 대해서 기술해 보자.

(3) 헛(Ho)

약 15m 길이의 훈련용 줄을 준비하여 개에게 채우고 넓은 필드에서 마음껏 뛰어놀게 한다.

약 10분 후 줄 끝을 잡고 헛(Ho)이라는 명령과 함께 갑자기 훈

헛 (Ho)

① 이 그림은 방향전환 훈련을 설명하고 있다.
② 방향전환을 시킬 때 유의할 점은 반드시 이칼라의 자극과 동시에 사냥개의 반대방향으로 몸을 틀어야 한다는 것이다.

련용 줄을 확 잡아채며, 현재 개가 진행하고 있는 반대방향으로 진행해 보자. 조금 후엔 개가 훈련사를 앞질러 또 5m쯤 앞으로 나갈 것이다. 그대로 개를 따라 조금 더 앞으로 나아가다 또 다시 헛 (Ho)이라는 명령과 함께 훈련용 줄을 확 잡아채며 현재 개가 진행하는 반대 방향으로 순간적으로 몸을 틀어 진행해 보자.

이 방법을 수 차례 반복하면, 개는 헛(Ho)이라는 명령어를 이해할 것이다.

이 때쯤 똑같은 방법으로 훈련용 줄을 확 잡아채는 것과 동시에 이칼라를 사용하여 방향 전환을 시켜줄 필요가 있다. 수 차례 반복하다 보면 훈련용 줄을 잡아채기도 전에 이칼라의 자극만으로 방향 전환을 할 것이다.

반복훈련에 의해서 훈련용 줄이 필요 없을 때가 되면 훈련용 줄을 잡아채지 말고 이칼라로만 사용해 보자.

명령에 즉각 반응을 보인다면 훈련용 줄을 완전히 제거하고 이칼라만 사용하여 방향전환을 시켜보자.

때때로 이칼라만으로 명령이 수행되지 않을 때 훈련용 줄을 다시 사용해줄 필요가 있다.

모든 훈련에서 똑같이 적용되는 얘기지만. 단계적으로 훈련용 줄로 유도하는 명령어의 이해가 확실해질 때쯤 훈련용 줄을 확 잡아채는 순간보다 이칼라의 작동시점을 짧은 시차를 두고 조금 빨리 실시하여야 한다

이 훈련에서 주의할 점은, 개가 방향을 전환하여 훈련사를 지나쳐 앞으로 나아갈 수 있도록 계속 걸어가며 유도해야 한다는 것이다. 순간적으로 방향을 전환하여 절대로 개를 쳐다보지 말고 반대방향으로 앞만 보고 걸어가야 한다.

개를 쳐다보거나 걸음을 멈추면 개는 주인을 무심코 쳐다보거나 주인 옆에 와서 머물 것이다.

절대 헛(Ho)훈련을 시킬 때는 개와 눈을 마주치지 말고 지속적으로 움직여야 한다.

위에서 언급한 뒤로 따라와는, 헛(Ho)의 의미하고는 조금 다르

지만, 너무 개가 앞서 나갈 때 뒤로 후퇴시키는 명령어로 사용한다.

(4) 뒤로(Heel)

필드에서 따라와로 사용했을 경우에 개는 주인 옆에 머무를 것이다.

따라와가 중요하지 않는 것은 아니지만 너무 강하게 인식되었을 때 필드에서조차 주인 옆에 와서 머무를 수 있고 사냥견의 탐구적인 성격을 저해할 수 있으므로 적절히 배분하여 사용하여야 한다.

필드에서 뒤로(Heel) 명령을 내린 후 개가 되돌아오면 곧바로 개에게 수색할 곳을 수신호나 행동으로 유도하여 개가 주인 곁에 가까이 오기 전에 방향전환을 시켜야 한다.

필드에서 뒤로(Heel)의 명령은 조금 천천히 또는 잠깐 샅샅이 수색하고 가자는 의미로 이해시켜야 한다.

(5) 워엇(Whoa)

① 나무에 매단 채 워엇(Whoa)을 이해시키는 방법으로 먼저 훈련용 줄을 허리부분에 감고 훈련용 줄 끝을 목걸이를 통하여 끄집어낸다.

개의 허리에 있는 훈련용 줄을 길게 늘어뜨려 나무에 걸쳐 있는 쇠고리에 걸고 살며시 당겨 보자.

개의 네발이 공중에 살짝 떴다가 내려앉을 때 워엇(Whoa)이라고 명령어를 내려보자.

개는 상당히 위축되어 꼬리를 내리고 허리도 처질 것이다. 허리에 훈련용 줄을 감는 이유는 개의 성격상 불안하면 앉거나 엎드리려고 하는 자세를 취하기 때문에 이를 미연에 방지하려는 것이다.

나중에 워엇(Whoa)이라는 명령어를 충분히 이해했을 때 배 밑으로 이칼라를 하나 더 착용하여 훈련을 보강하면 절대로 앉으려는 법이 없다.

다시 훈련용 줄을 느슨하게 해주었다가 워엇(Whoa)이라는 명령과 함께 이 과정을 반복해 보자. 개가 워엇(Whoa)이라는 명령을 이해할 때 이칼라를 함께 사용하여 워엇(Whoa) 명령과 함께 이칼라로 자극 해 보자.

기둥에 매달고 하는 훈련은 워엇(Whoa)명령을 이해시킴과 동시에 완벽한 자세교정과 워엇(Whoa)의 명령 자체가 강한 자극이 됨을 이해시키기 위한 목적이다.

② 말뚝을 박고 워엇(Whoa)을 보강하는 방법에는 윗부분과 마찬가지로 훈련용 줄을 연결한 채 훈련용 줄 제일 끝을 쇠말뚝 고리에 끼워넣고 따라와의 방법으로 개와 함께 이동하다 훈련용 줄을 왼손으로 채주면서 오른쪽 무릎으로 개의 가슴 쪽을 막으

이칼라(E-collar)를 사냥개의 배에 부착하여 훈련시키면 "앉아(sit)"와 "워엇(whoa)" 훈련을 더 원활하게 시킬 수 있다.

며 오른손으로는 손바닥을 펴서 개의 콧잔등을 내려치듯 간결하게 워엇(Whoa)을 시킨다.

이 과정이 어느 정도 완성되었을 때 워엇(Whoa)명령마다 왼쪽 훈련용 줄을 채지 말고 이칼라를 이용해서 훈련을 이해시키는 데 주력해야 된다.

이칼라를 이용해서 워엇(Whoa)의 동작이 완벽하게 나올 때 워엇(Whoa)을 시켜 놓고 개의 눈과 마주보며 뒷걸음으로 5~6미터 정도 멀어져 본다. 개가 움직이려고 하는 순간 워엇(Whoa)의 명령과 함께 손바닥을 편 채로 개의 얼굴을 감싸듯 개 앞으로 한 발자국 황급히 다가서며 이칼라를 사용하여 제지해야 한다. 이 때의 명령어도 안돼(No)가 아닌 반드시 워엇(Whoa)이어야 한다.

이 과정이 완벽하게 완성되면 점점 거리를 늘려 30미터까지 진행해 보자.

처음에는 개의 눈과 초점을 꼭 맞추어야 한다. 나중에는 점차적으로 개의 눈을 피해볼 수도 있고 개의 주위을 맴 돌면서 개의 자세를 확인 할 수 있다.

이제는 반대로 쇠말뚝 고리에 훈련용 줄을 끼운 채로 이리와 (Here)를 명령해 보자.

개는 주인 앞으로 다가올 것이다. 훈련용 줄이 거의 팽팽해지기 직전에 워엇(Whoa)을 명령해 보자.

워엇(Whoa)의 명령에 개는 자연스럽게 정지 할 것이며 만약 즉각적인 정지가 이루어지지 않는다 하더라고 훈련용 줄이 팽팽해지면서 워엇(Whoa) 자세로 고정될 것이다.

반복적인 훈련을 거듭함에 따라 훈련용 줄을 여유를 가지고, 팽팽해지기 전에 사냥개를 세울 수 있어야 한다.

특히 주의할 점은, 처음 명령에 개가 반응을 보인다면 이칼라를 절대로 사용해서는 안된다는 것이다.

처음 명령어를 수행하는 개에게 이칼라를 사용하면 개는 혼란에 빠져 오히려 명령어를 반대로 이해할 것이다.

③ 따라(Heele)에서 워엇(Whoa)훈련으로 전환해 보자

위의 단계까지 훈련된 개는 어느 정도 워엇(Whoa)명령에 익숙해져 있다.

개를 따라(Heele)라고 명령하고 개와 같이 걷다가 워엇(Whoa)
명령과 함께 개를 정지시킨다. 이 때는 처음 동작이기 때문에 훈
련사도 절도 있게 함께 멈춰 주어야 한다.

만약에 앞으로 주춤주춤 나가려는 개가 있으면 훈련사는 반대로
두 걸음 정도를 후퇴해 본다.

항상 첫 번째 명령에는 이칼라를 사용하지 말고 첫 번째 명령에
불복할 경우 두 번째 명령과 동시에 이칼라를 사용하여 개에게
방심의 틈을 주지 말아야 한다.

개가 정지한 후에는 개를 세워둔 채로 뒷걸음으로 개를 마주보
고 오른손으로는 개의 얼굴을 감싸듯이 워엇(Whoa)을 명령하
며 20~30m 점점 멀어져 가보자. 이 때에는 꼭 개의 눈과 마주
치고 행동해야 한다.

이 훈련이 완성되다 보면 나중에는 개와 눈을 마주치지 않아도
개가 워엇(Whoa) 상태로 있을 것이다.

점차 이 훈련단계가 완성됨에 따라 워엇(Whoa) 상태에서 개의
주위을 둘러볼 수도 있고 눈을 떼고 잠깐 딴 곳을 응시할 수 있
다. 그러나 어떤 상황에서도 개는 워엇(Whoa) 브레이크가 걸려
있어야 한다.

④ 필드에서의 워엇(Whoa) 훈련에 있어서 지금까지 개는 위의
명령에 상당히 훈련되어 있다.

이제는 훈련용 줄을 풀어주고 자유분방하게 놀게 해주자. 10분 정도 시간이 흐르면 개에게 뒤로(Heel) 명령을 내려 훈련사의 영역권에 들게 한 후, 워엇(Whoa)을 명령해 보자.

잘 되지 않을 때는 위의 방법대로 전과정을 다시 복습해야 한다. 완벽하게 정지했을 경우에 개의 목을 감싸 친화를 돈독히 한 후 개가 자유분방하게 뛰어 놀게 하자. 이제까지는 개와 훈련사의 거리가 가까운 데서 워엇(Whoa)훈련을 실시했지만, 이제부터는 20~30m 먼 거리에서 워엇(Whoa)명령을 내려보자.

개를 마음껏 뛰어놀게 하다가 갑자기 오른손으로는 손바닥을 벌려 개의 얼굴을 감싸듯이 큰 손동작으로 강하게 명령해야 한다. 어떤 상황에서도 워엇(Whoa) 브레이크가 완벽하게 결려있다면 이 사냥견은 필드로 나가 포인(Point)훈련에 돌입할 수 있다.

(6) 필드에서의 워엇(Whoa)과 총성훈련

필드에서는 반드시 훈련용 줄에 매달고 시작해야 한다. 처음 보는 것에 대한 호기심으로 인하여(눈앞에 보이는 새, 여지껏 보지 못한 주위 환경, 여러 가지 냄새) 매우 흥분되어 있을 것이다.

이 과정에서 워엇(Whoa)의 명령에 불복해 새에게 달려들어 간다면, 이 개는 한참동안 포인을 하지 않고 새를 날리려고만 하는 잘못된 개로 전락할 수 있다.

다시 강조하지만 필드에서 완벽한 워엇(Whoa) 브레이크가 걸리는 개라 하더라도 처음 새를 이용한 포인훈련에는 훈련용 줄을 사용하여 개의 흥분된 마음을 추스리고 새에게 살금살금 고양이처럼 접근해 가는 버릇도 고칠 수 있다.

① 훈련용 줄을 팽팽히 잡고 워엇(Whoa)을 시켜 보자. 보조자는 바람이 부는 반대 방향에서 개에게 새를 보여 주고 흥미를 돋운 다음 미리 준비해둔 새를 날려보낸다.

이 때 개는 분명히 새를 물려고 움직일 것이고 훈련사는 워엇(WWhoa)명령을 단호하게 내려주어야 한다.

만약 개의 흥분이 격해 있다면 워엇(Whoa)이라는 명령과 함께 훈련용 줄을 잡아채며 이칼라를 동시에 사용하여 완전하게 제압하여야 한다.

이 과정에서 보조자가 새를 보여 주고 날리는 순간 훈련사는 훈련용 화약총을 쏘아 분위기를 고조시킬 수 있다.

총성 훈련이 되어 있지 않은 개라도 이러한 흥분된 상황에서는 자연적으로 총성 훈련에 익숙해지는 것이다.

만약, 총성에 개가 놀라 움츠려 든다든지 도망을 간다든지 할 때에는 화약총 사용을 중지하고 나중에 별도로 총성훈련을 시켜야 한다.

이것을 무시하고 훈련을 시키다 보면 개는 건샤이(총소리 기피증)가 될 것이다. 이 또한 나중에 교정하기 힘든 과정인 관계로

총성훈련만큼은 제외하고 다른 훈련을 시켜야 한다

이렇게 반복적인 훈련을 거듭하는 동안 훈련용 줄을 느슨하게 하여도 워엇(Whoa) 브레이크가 걸릴 것이다.

점차로 훈련용 줄을 느슨하게 하여 땅바닥에 늘어뜨리고, 왼쪽 발로 훈련용 줄을 꽉 밟아서 혹시나 앞으로 뛰어나갈 것에 대비하여야 한다.

이칼라의 사용도 첫 명령에 즉각 반응을 보인다면 더이상 사용하지 말아야 한다.

반드시 첫 명령을 불복했을 경우에만 두번째 명령과 동시에 사용해야 한다.

② 새를 날리는 중에도 완벽한 워엇(Whoa) 동작이 이루어진다면 잡고 있던 훈련용 줄을 늘어뜨려 개로 하여금 속박감을 없애준다.

그런 다음 개의 오른쪽 옆으로 바짝 다가가 개의 목덜미를 쓰다듬어주고 꼬리를 올려주며 자세 교정을 해주어야 한다. 목을 쓰다듬고 꼬리를 들어 개를 공중에 살짝 띄웠다 놓는 이유는 어떤 악조건(산에서의 이상한 소리, 바람에 날리는 나뭇가지, 같이 동행한 엽사와 또는 동조 포인(point)할 수 없는 어린 개들의 방해 등)에서도 완벽한 포인 동작으로 유도하기 위한 방법이다.

③ 이제까지 잘 해왔다면 훈련용 줄을 완전히 풀고, 이칼라만 착

용시킨 채 워엇(Whoa)의 명령을 내린 후, 훈련사 자신이 개의 앞에서 새를 날리든지 또는 풀 속에 새를 던져놓고 새를 발로 차서 날려보자.

아직은 완벽한 자세가 나올 때가 아니므로 눈은 항상 개와 마주 보고 손바닥을 펴서 개의 얼굴을 가리듯이 한번의 명령으로 강하게 워엇(Whoa)을 이해시킨다.

처음에 얘기했듯이 개에게 새 냄새를 맡게 해주는 훈련이 아니라 눈으로 직접 보게 하여 흥미를 자극하는 방법으로 이 훈련방법을 택한다.

즉, 바람은 개의 등 뒤에서 불어와 개가 냄새를 인지할 수 없어야 한다. 처음부터 개가 냄새로 인지하기보다는 흥미에 의해 냄새로 전환해 가는 것이 이 포인 훈련의 가장 중요한 관점이다.

④ 이제는 개와 눈을 마주치지 말고 조금 먼 거리에서 워엇(Whoa) 훈련을 보강해 보자.

혹시 개가 고양이처럼 움직인다면 한 손으로 꼬리를 쥐고 한 손으로 목태를 들어 개를 완전히 공중에 띄운 후 원래 정지해 있던 장소에 내려놓으며 명령어 워엇(Whoa)을 외치고 손동작과 함께 이칼라를 동시에 사용해 완벽하게 제압한다.

⑤ 주의할 점은, 개가 새를 눈으로 보고 새가 완전히 날아갈 때

까지 워엇(Whoa) 상태로 있어야 한다는 것이다.

이 부분은 매우 중요하며, 엽장에서 헌터가 총을 쏴 새가 떨어질 때까지 새에게서 눈을 떼지 말아야 한다.

나중에 새가 떨어진 낙하 지점을 정확히 기억하여 곧바로 낙하 지점으로 달려가야 한다.

혹시 부상당한 새일 경우 빠른 속도로 부상조 회수훈련으로 연결되어야 하기 때문이다.

미국에서는 대부분 훈련사들이 가라(Go)라는 명령어를 새를 향해 돌진해 들어가라는 개념으로 사용하지 않는다. 개가 포인(Point)을 하고 있을 때에는 대부분 헌터가 발로 차 새를 날린다. 이 훈련의 이점은 새가 떨어지는 낙하지점을 정확히 볼 수 있어 부상조 회수가 매우 빨라진다는 것이다.

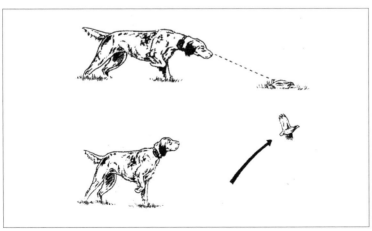

바람이 부는 반대방향에 새를 놔두고 개가 접근하면 새를 날려주면서 포인훈련을 시킨다.

(7) 필드에서의 포인(Point) 훈련

① 일차적으로 사냥개가 새의 냄새를 인지하지 못했다 하더라도 개 앞에서 보조자의 도움을 받아 새를 날리는 동작을 연속하여 실시하다 보면 개는 항상 긴장하며 흥미로운 것이 나타날 거라는 기대감을 갖게 된다.

이 방법은 바람이 부는 반대 방향에 새를 숨겨놓고 보조자나 아니면 새 날리는 기계(Bird Launcher)를 이용하여 훈련하는 방법이다.

이 훈련의 관점은 훈련사가 개를 데리고 새가 숨겨진 장소에 가까이 도달할 때 보조자는 새를 날려 개를 놀라게 함과 동시에 흥미를 유발시킨다.

이 때 주의할 점은, 개의 인지에 상관없이 훈련사는 워엇(Whoa)을 명령하여 개를 정지시키고 보조자는 때 맞춰 새를 날려야 한다는 것이다.

이 훈련이 중요한 까닭이 있다. 나중에 개가 진짜 냄새를 인지하고 새에게 접근할 때 워엇(Whoa)이라는 명령 뒤에는 틀림없이 새가 난다는 것을 인식시켜 주기 때문이다.

반복해서 이 훈련을 하다보면 워엇(Whoa) 명령 뒤에는 분명히 새가 난다는 훈련사의 명령에 절대적인 믿음을 가지게 된다. 훈련사는 혹시 개가 새 냄새를 인지하는 행동을 할 때 미리 제압하여 개 앞에는 새가 있다는 것을 확신시켜줌과 동시에 개가 더 이상 새에게 근접하지 않도록 하는 훈련으로서 매우 중요한 훈련과정이다.

② 이차적인 훈련방법으로는 이제는 바람이 불어오는 방향에 새를 숨겨놓고 개를 새에게로 접근시켜보자.

새가 숨겨진 근처에 도달했는데도 불구하고 개가 새냄새를 인지하지 못했다면 훈련사는 개를 워엇(Whoa)시키고 보조자는 새를 날려 흥미를 유발시켜야 한다.

이런 훈련이 반복되면 이제는 개도 직접 찾아야겠다는 욕심도 생기고 상당히 신중한 개가 될 것이다.

주위의 산만한 여러 냄새를 무시하고 오로지 새냄새만 집중하도록 하는 집중훈련의 과정이다.

다행히 개가 냄새로써 새를 인지했을 경우 다음 동작을 취하지 못하게 순간적으로 워엇(Whoa)의 명령을 강하게 한 다음, 개의 옆에 붙어 개를 쓰다듬어 주고, 꼬리를 세워 주고, 약간의 긴장된 시간을 두고 새를 날려 인지에 대한 보상을 해 주어야 한다.

③ 이칼라의 올바른 사용법은 개가 인지하는 순간 작동하여 워엇(Whoa)으로 연결시켜야 한다.

절대로 조금이라도 접근하게 해서는 안 된다. 지금까지 우리는 상당한 수준까지 개를 끌어올렸다.

군이 이칼라를 사용하지 않더라도 훈련은 무난히 이루어질 것이다. 첫 명령을 불복할 경우에만 이칼라를 사용하자.

새를 날리는 훈련에서도 새가 나르는 순간, 개는 깜짝 놀라 새만 주시할 것이며 새가 어느 정도 시야를 벗어나려 할 때 쫓아가려 할 것이다.

이 순간을 놓치지 말고 훈련사는 정확하게 시차를 맞춰 움직이기 직전에 강력하게 워엇(Whoa) 브레이크를 걸어야 할 것이다.

④ 포인(Point) 훈련에 있어서 주의할 점이 있다. 어린 강아지 때, 일명 낚싯대로 포인훈련을 시킨 개들은 사냥터에서 수풀에 가려져 있는 새를 꼭 확인해 보고 싶은 충동이 있어 근접거리까지 접근하여 새를 날리고 만다는 것이다.

또 이런 개들 중에 희미한 냄새에 확신을 못하고 자기의 눈으로 꼭 새를 확인하려고 근접거리까지 접근하여 헌터로 하여금 총쏠 기회를 주지 않는다.

이런점 때문에 낚싯대 포인은 강아지의 엽욕과 사물에 대한 집착력을 잠깐 시험하는 것이지 계속 이 방법을 택해서는 안 된다.

사냥개들은 점차적으로 그 기능이 향상됨에 따라 처음 단계에는 냄새로써 새에 접근하여야 하고 나중에 경험이 많아지면 자연적으로 소리와 눈을 이용하여 새를 추적한다.

⑤ 또 한가지 재미있는 사실은, 이 외에도 개에게는 우리가 알지 못하는 대단한 능력이 있다는 것이다.

우리가 필드사냥견대회를 하다 보면 경험이 많은 마스터견임에도 불구하고 버드런처(Bird Launcher)에 있는 새를 포인하지 않는 경우가 많다.

어떤 이들은 사람 손냄새가 나서 반응을 보이지 않는다고 하지만 결코 그것만은 아닐 것이다. 새에서 풍기는 초음파가 엄연히 다르게 존재하기 때문일 것이다.

나중에 버드런처를 확인해 보면 죽어있거나 죽기 직전인 새들이 대부분이다.

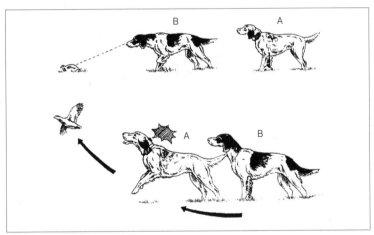

동조포인

위의 그림 B 사냥개는 훈련을 마스터한 선도견이고, A 사냥개는 훈련이 완전하지 않은 미숙한 사냥개이다. 동조포인의 가장 큰 핵심은 후미견이 새냄새를 인지했는지 여부와 관계없이 선도견의 포인자세만 보고 완벽하게 정지하는 것이다. 위 그림에서는 선도견을 앞질러 접근하는 것을 이칼라를 사용하여 제지하고 있다.

또 한가지 예를 들어보자. 총에 맞아 떨어진 새의 낙하 지점을 개가 정확히 보지 못했고 그 새가 절명해 있다면 사냥개는 분명히 냄새가 진하게 날 것임에도 새의 주위을 맴돌면서 못 찾는 경우가 있다.

또 한가지 예를 들어보자. 헌터가 쏜 새를 물고오다 갑자기 포인에 돌입하는 개들이 있다.

과연 입에 물고 있는 새의 냄새가 짙을 것인가, 멀리 있는 포인(point) 중인 새의 냄새가 짙을 것인가, 아니면 새 각각의 냄새가 틀릴 것인가. 아마도 새에서 풍기는 초음파가 분명히 존재할 것이다.

(8) 운반훈련

① 운반 훈련은 이리와(Here) 훈련과 병행해서 실시해야 하며 호기심 많은 어릴 때부터 시키는 것이 바람직하다.

길이 10m 폭 2m정도 되는 작은 울타리를 만들어 놓고 훈련용 줄을 채운 강아지를 그 안에서 놀게 한 다음 더미를 던져 가져와(Fetch)라는 명령과 함께 개를 보낸다.

개가 더미에 흥미를 느껴 무는 순간 훈련용 줄을 늘어지지 않게 훈련사 앞으로 당겨 신속하게 더미를 전달받을 수 있도록 유도한다.

② 따라와(heel)에서와 마찬가지로 더미를 던져놓고 개를 워엇(Whoa) 시킨 다음 가져와(Fetch)라는 명령과 함께 개를 출발시킨다.

여기서 이칼라 사용법은 명령어 두 개의 의미가 각각 다른 관계로 개에게도 각각 다른 의미로 이해시켜야 하고 자극은 똑같이 주지만 명령의 본질은 각각 다르다는 것을 이해시켜야 한다.

  더미를 던지면 개는 곧바로 더미에 달려나갈 것이다. 이 때 이칼라를 작동하여 워엇(Whoa)을 고정시킨다.

잠시 개가 더미를 주시하게 만들고 흥미를 잃기 전에 이칼라를 작동시키며 가져와(Fetch)라고 명령하여 여러 명령어를 골고루 이해시켜야 한다.

이와 같이 전기적 자극은 똑같이 개에게 전달 되지만 개가 느끼는 명령의 본질은 분명히 다른 것이다.

그런 관계로 여러 가지 명령어를 개에게 이해시켜 혹시 한 명령어에만 이해가 고정되어 잘못 훈련시킨 개로 전락되지 않길 바란다.

물론 물어오지 않는 개가 있다면 강제 운반훈련을 시킬 수 있다.

(9) 강제 운반 훈련

① 물어(Hold) – 첫 단계로 먼저 개가 더미를 무는 것(Hold)부터 시켜야 한다.

개를 튼튼한 고정탁자에 올려 놓은 다음 앞발 중 개의 오른쪽 발의 관절 부위를 빠지지 않을 정도로 살짝 묶고, 그 줄을 내려뜨려 발가락 두 개 사이를 감아 살짝 당겨 압박을 받게 만든다.

오른손으로 줄 끝을 탁 채줘 보자. 개는 고통어린 비명을 짧게 지르며 입을 벌릴 것이다.

그 때 순간적으로 더미를 물리고 살짝 왼손으로 위턱과 아랫턱을 눌러 잠시 그 상태로 있게 한다.

개는 자꾸 더미를 뱉으려 할 것이고 뱉는 순간 똑같은 방법으로 더미를 순간적으로 물려 주자.

더미를 물고 있는 순간만큼은 발가락에 고통이 가해지지 않는다는 것을 이해시켜야 한다.

이 훈련이 어느 정도 익숙해지면 이칼라를 채우고 송신기를 오른손에 잡고 줄은 오른 손목에 감자.

이제는 이칼라를 작동하며 훈련용 줄을 동시에 채주고 왼손의 더미를 개에게 물린다. 이 과정도 어느 정도 익숙해지면 이칼라만으로 훈련을 보강시켜 보자.

② 물어(Hold) - 두 번째 단계로 더미를 입 가까이 물려주지 말고 30cm 정도 떨어진 장소에 둔 다음 물어(Hold)를 시켜 본다. 개는 전기적 자극을 피하기 위해서라도 몸을 숙여 더미를 덥석 물 것이다.

그 다음에는 더미를 조금씩 더 멀리 놓아 보자. 이칼라를 작동함과 동시에 물어(Hold)를 명령하면 개는 엉덩이까지 들고 목을 쭉 뺀 상태에서 사력을 다해 고통에서 벗어나기 위한 방편으로 더미를 물 것이다.

③ 가져와(Fetch) - 세 번째 단계로 마당에서 1m 정도의 거리에 더미를 놓고 똑같은 방법으로 명령을 내려 보자.

개가 재빨리 더미를 물었다면 이리와(Here)라는 명령과 함께 개를 쓰다듬어 주어야 한다.

개가 느끼는 이칼라의 불쾌감은 훈련사로부터 발생되는 것이 아니라는 것을 개에게 이해시켜야 한다.

보통 사람들이 이칼라훈련으로 실패하는 원인중 하나가 불쾌감을 전달해 주는 전달자가 훈련사라는 것을 개에게 노출당했기 때문이다.

개에게 있어서 훈련사는 항상 불쾌감으로부터 보호해주는 보호자 역할을 해주어야 한다.

④ 따라와(heel)와 물어 (Hold) - 네 번째 단계로 더미를 마당에 던져놓고 개에게 따라와(heel)라는 명령을 내려 더미 옆으로 접근시켜 보자.

바로 근접되었을 때 이칼라를 작동하며 물어(Hold)라는 명령을 내린다.

만약 명령에 불복할 경우 왼쪽 발바닥으로 훈련용 줄을 살짝 밟고 오른손으로 당기면 개의 입은 자연적으로 더미에 근접할 것이다.

이 때 다시 물어(Hold)라는 명령과 함께 오른손으로 훈련용 줄을 채며 이칼라(E-color)를 동시에 사용하여 훈련의 극대화를 기해야 한다.

(10) 가져와(Fetch) 보강 훈련

① 위에서 물어(Hold)라는 명령을 사용해서 더미 무는 것을 가르쳤다. 이제는 더미를 개가 보는 앞에서 3m 정도 멀리 던져 보자.

개에게 가져와(Fetch)라는 명령과 함께 이칼라를 작동하여 운반 훈련을 확실히 이해시켜야 한다.

시간이 갈수록 좀더 멀리 던져 나중에는 30m거리에서도 즉각적인 운반훈련이 되어야 한다.

이 가져와(Fetch)라는 명령어는 복합명령어이다. 엽장에서 떨어진 새를 찾아서 물어와야 할 경우, 가져와(Fetch)라는 명령어는 찾아, 물어, 가져와 라는 3가지 복합명령어이다.

② 가져와(Fetch)의 강제 훈련은 전문 훈련사들도 가장 어려워

하는 강압적인 훈련 방법이며 오랜 경험이 있는 훈련사들만이 가능한 훈련이다.

가장 중요한 훈련 방법임에도 간단하게 기술한 것은 혹시나 잘못 전달되어 오류를 범할까 하여 여기서 그치기로 하겠다.

만약 수색, 포인은 잘 하는 데 운반에 문제가 있다면 이 훈련의 경험이 많은 훈련사에게 의뢰해 보는 것이 현명한 방법이다.

(11) 놔(Out) 훈련

사냥터에서 문제점 중의 하나가, 새를 물고 주인에게 오지 않거나 온다 하더라도 어느 정도 거리를 두고 새를 전달하지 않으려는 개들의 성향이다.

가져와(Petch)라는 훈련이 완벽하게 된 개는 주인 곁에 가까이 와서 앉아(Sit)를 시켜 새를 전달받는 데 문제가 없으나 훈련이 제대로 안 된 개들은 어려운 점이 있다.

① 새를 주인 곁으로 가까이 가져오지 않는 개들은 개를 부르며 반대 방향으로 순간적으로 뒤돌아 뛰는 척 해보자.

개는 황급히 주인과 가까워지려고 할 것이며 주인은 갑자기 몸을 돌려 개를 맞으며(이 때는 무릎을 꿇고 앉거나 또는 허리를 굽혀서) 새를 순간적으로 건네받는다.

② 또 주인 앞에까지 새를 가지고 오기는 하지만 주인 앞에 그냥 내려놓는 개는 어떻게 훈련해야 하는가?

개가 새를 내려놓으려고 하는 순간 물어(Hold)라는 명령과 함께 순간적으로 오른손을 개의 턱 밑으로 가져가 윗턱과 아랫턱을 잡고 살며시 물게 한다.

잠시 후, 놔(Out)라는 명령과 함께 머리를 쓰다듬으며 자연스럽게 받아야 한다.

이 때 주의할 점은 새를 받으려고 하는 손은 개의 머리 위에서 내리지 말고 배 밑을 향해 턱 밑으로 자연스럽게 올라가야 한다.

물어(Hold)훈련이 제대로 되어 있지 않다면 개가 새를 땅에 내려놓기 전에 흥분된 상황(개가 좋아하는 여건)을 연출한다.

개와 순간적으로 근접하여 입에서 내려놓기 전 새를 손으로 잡고 살짝 입안으로 미는 듯이 하다가 자연스럽게 받는다.

개가 새를 땅에 내려놓으려고 할 경우 훈련사는 몸을 날려서라도 새를 받아야 한다. 절명하지 않은 새를 내려놓을 경우 날아갈 수 있기 때문이다.

위와 같은 문제점이 계속 발생한다면 이칼라를 이용하여 물어(Hold)와 가져와(Petch)훈련을 더 보강시켜야 한다.

(12) 안돼(No)

안돼(No)라는 명령은 이리와(Here)라는 명령처럼 쉬운 것 같으면서도 적절히 사용하기가 매우 까다로운 명령어이다.

안돼(No) 명령은 어떤 잘못된 행위를 행동으로 옮기기 직전 시차에 맞게 내려져야 한다. 또한 안돼(No)는 경고성 명령어이다. 대부분 사람들은 이 명령어를 잘못 사용하고 있다.

몇 가지 예를 들어보자. 사냥개에게 이리와(Here)라고 명령했을 때, 개가 딴전을 피운다면 보통 사람들은 급한 나머지 안돼(No)라고 얘기하지만 사실은 이리와(Here)라고 명령해야 한다. 또 워엇(Whoa) 훈련을 시켰다고 가정해 보자.

개가 몸의 중심이 흐트러질 때 대부분 사람들은 안돼(No)라고 하지만 이 또한 워엇(Whoa)이 정확한 명령어이다.

이렇듯 안돼(No)는 개의 잘못된 행동을 교정하는 명령어가 아니라 잘못된 것에 대한 즉각적인 제지용어로 사용하여야 한다.

예를 들어 염소나 닭을 물려고 달려든다면 즉각적으로 이칼라를 이용하여 안돼(No)라는 명령어와 함께 강력히 제지하여야 한다.

"안돼(NO)"라는 명령어는 잘못된 행동을 교정하는 명령어가 아니라 잘못된 것에 대한 즉각적인 제지용어로 사용하여야 한다. 쉬운 것 같으면서도 적절히 사용하기가 매우 까다로운 명령어이다.

또한 안돼(No) 명령은 어떤 잘못된 행위를 하려는 순간을 포착하여 행동 직전에 자극을 줘야 한다.

(13) 그 이외의 훈련종류 및 방법

가. 헛(Ho) 훈련

① 이 훈련은 플러싱 독(Flushing Dog)에 있어서 포인터(Pointer)의 워엇(Whoa)훈련만큼이나 높은 비중을 차지한다. 사냥개는 헛(Ho)이라는 명령에 의해 헌터를 마주보고 앉은 후 다음 명령을 예지 발랄하게 기다려야 한다.

플러싱 독은 포인을 하지 않는 관계로 헌터와의 거리를 항상 30m 이내로 좁혀 주어야 한다.

헌터는 사냥개가 새 냄새를 인지하고 반응을 보이기 직전 또는 훈련사와의 거리가 총을 쏘기에 적합하지 않을 때 항상 헛(Ho)이라는 명령을 내려 일단 사냥개를 앉게 한다.

그 자리에서 앉은 사냥개와 거리를 좁힌 후 사냥개를 새에게로 재차 접근시켜 새를 날게 하여, 총을 쏘는 데 이상적인 거리를 확보해야 한다.

② 앉게 하는 훈련방법에서 사냥개가 새 냄새를 인지하고 반응을 보일 때 훈련사는 즉각적으로 앉아(sit)라고 명령한다. 반복적인 훈련을 거쳐 나중에는 새 냄새를 사냥개가 인지하는 순간

자동적으로 앉게끔 만드는 게 이 훈련의 중요한 관점이다. 즉, 훈련사는 사냥개의 행동을 신중하게 살펴 인지와 수색의 차이를 밝혀내고 포인터에서의 워엇(whoa)훈련만큼이나 명령을 내리는 시점을 정확하게 판단해야 한다.

우리나라 실정에 플러싱 독(Flushing)은 그다지 선호하지 않는 관계로 정확한 훈련방법은 기술하지 않았다.

나. 앉아, 엎드려, 기다려

이 훈련 또한 포인터의 워엇(Whoa)만큼이나 리트리버(Retriever)에서 필수적인 과목이다. 주로 오리류를 운반하는 리트리버종에서 오리가 날아 들어올 때 사냥개는 주인 곁에 다소곳이 앉아 있어야 하고 총을 쏠 때 주인과 함께 갈대나 위장막 안에서 없는 듯 조용해야 한다.

① 앉아(sit)

이 훈련을 시키는 첫번째 과정은 사냥개를 은폐물에 앉히는 방법이다.

일단 사냥개를 따라(heel)라 명령하고, 훈련용 줄을 짧게 잡고 걸어간다. 갑자기 걸음을 멈추고 오른손으로 훈련용 줄을 잡아채며, 왼손으로는 사냥개의 엉덩이쪽을 눌러주어 앉아(sit) 명령을 이해시킨다.

반복된 훈련으로 사냥개가 앉아(sit)라는 명령어를 이해할 때쯤 이칼라를 착용하고 똑같은 방법으로 명령어를 이해시킨다.

이 방법이 여의치 않을 때는 사냥개를 마주보면서 벽쪽을 향하여 뒷걸음 치도록 한 다음, 더미로 흥미를 유발시켜 자연스럽게 앉히는 방법이 있다.

이 훈련이 어느 정도 진척을 보였다면 이제는 먼 거리에서 앉아(sit)를 시켜 보자.

사냥개를 앉힌 상태에서 사냥개의 눈과 똑바로 마주보고 손바닥을 펴 사냥개를 제지시킨 다음 뒷걸음으로 점점 멀어져 가보자. 만약 사냥개가 일어나 따라오려는 자세를 취하면 황급히 땅을 구르듯이 사냥개 앞으로 한발자국 다가서며 이칼라를 자극하고 손동작과 함께 강력히 제지하여야 한다.

그래도 사냥개가 자꾸 일어선다면 허리 위쪽에 이칼라를 착용하여 훈련을 시켜 보면 의외로 대단한 성과를 얻어낼 것이다.

이 훈련이 완성됨에 따라 사냥개를 먼 거리에서도 명령만으로 앉힐 수 있어야 하며, 걸어가거나 뛰어가다가 혹은 어떤 상황에서도 즉각 명령에 따를 수 있도록 반복 훈련을 해야 한다.

기다리는 시간에도 주인의 행동에 관계없이 사냥개는 지속적으로 앉아 있어야 한다.

위의 훈련방법에서도 언급했지만, 훈련의 최종목적은 이칼라의 도움 없이 명령만으로 개를 제어하는 것이다. 반복적인 훈련으로 완벽하게 훈련이 이루어질 때까지 부단히 연습시켜야 한다.

② 엎드려(down)

엎드려는 앉아의 연속 동작이다. 지금까지 '앉아(sit)' 훈련이 잘
된 사냥개라면 엎드려도 별무리 없이 훈련 될 것이다.

훈련용 줄을 착용한 채 앉아 라고 명령한 후 훈련용 줄을 왼쪽발
로 밟고 오른손으로 줄을 확 채주며 엎드려(down)를 명령해 보
자. 사냥개는 훈련용 줄에 의해 자연스럽게 엎드리는 자세가 될
것이다.

앞발에 힘을 주고 버티는 자세를 취하면 부드럽게 사냥개의 앞

엎드려(down)
① 이 훈련은 "엎드려(down)"
  의 훈련방법이다. 훈련용
  이칼라를 평상시와는 다
  르게 목 뒤로 착용시키자.
  위에서 누르는 전기자극
  때문에 "엎드려(down)"의
  훈련에 대단히 효과적인
  위치다.
② 이칼라를 사용하기 전 우
  선 사냥개를 왼쪽에 앉히
  고 앉은 자세에서 훈련용
  줄은 오른속에 쥐고 왼쪽
  발로 훈련용 줄을 사냥개
  목 근처에서 신속히 밟으
  며 "엎드려(down)"라고 명
  령한다.

③ 이제부터는 훈련용 줄을 제거한 채 이칼라만으로 "엎드려(down)"를 완전히 이해시
  킨다.

발을 쓸어주듯 사냥개 앞쪽으로 당겨준다.

마찬가지로 처음에는 훈련용 줄로써 명령어를 이해시켜야 하며 이해가 어느 정도 될 무렵 이칼라를 함께 사용하여야 한다.

혹시나 훈련용 말뚝이 있다면 사냥개가 알지 못하게 훈련용 말뚝을 미리 박아놓고 나중에 사냥개를 훈련용 말뚝 있는 곳으로 데리고 가서 말뚝고리에 훈련용 줄을 끼운 후 사냥개 2m 앞에서 줄을 채줌과 동시에 엎드려(down)를 명령해보자.

훈련이 진척됨에 따라 이칼라를 같이 사용해 주어야 한다.

어느 때인가 줄을 채주는 속도보다 이칼라의 작동 시점을 조금 빠르게 하여 훈련용 줄의 도움 없이도 엎드려의 명령이 확실히 완성되게 한다.

결국에는 이칼라도움 없이 명령만으로 사냥개를 제어해야 한다.

③ 기다려(stay)

모든 훈련에서 중요하지 않은 명령어가 하나도 없지만 이 기다려(stay) 훈련과목도 대단히 중요하며 지루한 훈련 과정이다.

엎드려 있는 상태에서 사냥개가 편안하게 쉬어 있도록 하는 게 관건이겠으나 앞으로 일어날 여러 가지 돌발 상황에서도 침착하고 냉정하게 기다릴 줄 알아야 한다.

예를 들어, 사냥개 머리 위로 물새가 날아오든지 사냥개 앞에서 호기심을 유발할 어떤 상황이 발생된다 하더라도 사냥개는 움직이지 말아야 한다.

① 기다려(stay)는 엎드려(down)훈련의 연장으로 볼 수 있으며
더불어 인내를 요구하는 훈련이다.

사냥개가 알지 못하게 말뚝을 박아 놓고 '엎드려'를 시킨 다음
말뚝고리에 훈련용 줄을 짧게 걸어놓고 기다려(stay)를 명령해
보자.

처음에는 사냥개와 부드러운 눈을 마주하고 편안하게 대해 주어
야 한다.

지금까지 해왔던 것처럼 다음 명령을 내리려는 예비 동작을 취
한다든지 긴장된 모습을 보여 주면 사냥개 또한 바짝 긴장할 것
이다.

처음에는 사냥개 옆에 앉아 사냥개를 편안하게 쓰다듬어 주기도
하고 콧잔등도 만져주자.

조금 후에 사냥개 주위를 둘러보기도 하고 조금 멀리 떨어져 있
어 보기도 하자.

만약 조금이라도 사냥개가 움직이는 기색을 보이면 이칼라를 이
용하여 기다려(stay)를 명령하고 완전히 제압하여야 한다.

② 여기까지 훈련이 완성되었다면 이제는 훈련용 줄을 완전히
제거하고 훈련사는 사냥개와 멀리 떨어져서 갑자기 뛰어보기도

하고, 돌을 던져 보기도 하고, 훈련용 화약총도 쏘아 보자.

사냥개가 일어서려는 반응을 보인다면 이칼라의 강도를 한 단계 씩 높여가며 완전히 제압하여야 한다.

이렇게 주위가 산만함에도 사냥개가 움직이지 않았다면 훈련사 는 사냥개의 목을 껴안고 과분할 정도의 칭찬을 아끼지 말아야 한다.

기다려(stay)는 장시간 인내를 요구하는 훈련이므로 사냥개가 가장 편안한 자세로 기다릴 수 있도록 사냥개의 옆구리를 틀어 편하게 만들어 주자.

만약에 사냥개가 돌발적인 상황에서 움직인다면 사냥개를 공중 에 띄어 약간 공포감을 느끼게 한 후 처음 위치로 데려가 다시 엎드려 기다릴 수 있게끔 만들어야 한다.

다. 기타

① 위의 훈련과정을 거치면서 우리가 익혀왔듯이 이칼라로 훈련 하는 방법의 가장 중요한 핵심은, 명령어를 이해하지 못하는 사 냥개에게는 절대로 이칼라를 사용해서는 안 된다는 것이다.

처음 단계에서는 훈련용 줄로써 유도하든지 보조자의 도움을 받 아 명령어를 이해시키는 것이 모든 것에 앞선다.

② 훈련용 줄을 사용하면서 행하는 명령어가 사냥개에게 완전히

전달되어 이해되었다면 이 무렵부터 이칼라를 사용해야 될 시점이다.

처음에는 훈련용 줄을 채는 속도보다 시차를 두고 조금 늦게 이칼라를 사용해야 된다.

이후 훈련의 완성도에 따라 반대로 이칼라 자극을 주는 시점을 훈련용 줄을 잡아채는 것보다 시차를 두고 조금 빨리 작동해야 된다.

이 과정이 반복됨에 따라 어느 때인가 훈련용 줄을 사용할 필요가 없을 때가 올 것이다

③ 훈련용 줄이 필요 없을 때가 되면 훈련용 줄을 완전히 제거하고 이칼라의 자극만으로 훈련을 시켜 보자.

혹시나 명령어를 알고 있으면서도 불복할 경우에만 이칼라의 자극 정도를 한 단계씩 올리면서 사용해야 한다.

대부분 사람들이 이칼라로 훈련을 하면 사냥개를 망친다는 얘기를 하는데, 이는 이칼라의 사용법을 잘 모르는 무지에서 비롯된 이야기이다.

이칼라야말로 많은 훈련도구 중에서 발전된 훈련기기 중의 하나이다.

5. 이칼라 훈련을 마치며

이 이외에도 여러가지 훈련 명령어와 훈련시키는 방법이 있으나 사냥개훈련이란 절도 있는 훈련시범 견을 만드는 과정은 결코 아니다.

다만 어느 정도 절제된 행동과 제어가 확실해야 사냥터에서 위험을 방지하고 현지 주민들에게 민폐를 끼치지 않으며 사냥할 대상과의 연결이 손 쉬어지는 것이다.

절제된 행동과 더불어 훈련사와의 호흡은 대단히 중요하다. 하지만 제지와 통제만 한다면 사냥개의 혈통으로 타고난 고급 사냥 기술이 발전할 수 없고 사냥터에서도 만족한 성과를 이끌어내지 못한다.

위에 훈련 내용을 사냥개에게 충분히 이해시켰다면 사냥개는 훌륭한 사냥의 동반자요, 인생의 반려자가 될 것이다.

또한 가족의 일원으로서 소중한 가치를 사냥개 스스로 인정받을 것이다.

5 보충훈련·낚싯대를 이용한 훈련법

조기교육과 성견교육이 과학적이고 정교한 사냥개 훈련법이라면 이제부터 소개하는 '낚싯대를 이용한 훈련법'은 개의 본능을 적절히 활용한 간편하고 손쉬운 훈련법이다.

이 훈련은 강아지의 성장단계에 맞춰 진행된다.

다양한 수신호가 사용되고 낚싯대와 새의 날개를 이용한 간편한 장비만 준비하면 된다.

생후 49일이 된 강아지를 구입한 헌터들이라면 시도해 볼 수 있다. 한 가지 참고할 사항은 이 훈련법은 앞에서 소개한 훈련법들과 중복되는 내용이 많다는 것이다.

따라서 이미 익힌 훈련법들을 토대로 복습한다는 의미로 훑어보면 될 것이다.

1. 강아지의 훈련

(1) 기본지식

개에게는 '항상 즐겁고 싶은 본능'이 존재한다. 개는 주인에게 절대적으로 충성한다.

평소에 갖은 아양을 떨어 주인을 즐겁게 하고 그 보상을 받으면 기뻐한다.

훈련에서도 이런 본능을 이용한다. 본능을 잘 드러내지 않는 개라면 강아지가 훈련을 시작할 시기가 되지 않았거나 자질이 부족하기 때문이다.

강아지가 더 성장하도록 기다려 보도록 한다.

개의 훈련에서는 무의식적인 방법도 사용된다. 무의식적인 교육은 개가 자신이 교육받고 있다는 사실을 깨닫지 못하는 가운데 이루어진다. 통제된 상황에서 개에게 어떤 행위를 반복하게 함으로써 개가 의식하지 못하는 가운데 훈련을 시킬 수 있다.

이 때는 체벌이 뒤따르지 않고 보상도 주어지지 않는다. 총기와 친숙해지기, 엽장수색법, 수신호에 따르는 법은 무의식적인 방법으로 훈련이 이루어진다.

개의 훈련은 아이들이 즐겨하는 블록쌓기 놀이와 유사하다. 블록이 무너지면 아이들이 다시 쌓기 시작하고, 다시 무너지면 또 쌓는다.

이 과정들을 통해 아이들은 기초를 튼튼히 해야 견고하게 블록을 쌓을 수 있다는 사실을 깨닫게 된다.

개 훈련에서도 반복을 통하여 과거에 배웠던 내용을 기억해 내고, 이들을 새로운 훈련 내용과 연결시킴으로써 명견으로 만들 수 있다.

(2) 훈련 방법

가. 훈련사의 역할

개 훈련에서 실패하게 되는 가장 큰 이유는 훈련사로서 본분을 망각하는 데 있다.

개를 지나치게 사랑한 나머지 사냥개를 애완용으로 만들어 버리는 일도 있다.

사냥개가 애완용으로서 자질이 있지만, 본래 목적인 사냥을 못하면 그 가치가 떨어지게 된다.

이런 결과가 발생하는 것은 훈련사가 개들이 준비한 덫에 걸리기 때문이다.

개들은 훈련 과정에서 슬픈 표정을 지어 훈련사로 하여금 더 이상의 훈련은 무리라는 생각을 하도록 유도한다.

이런 생각에 빠져들면 오히려 개가 훈련사를 훈련시키는 결과가 된다.

훈련과정에서는 훈련사와 개 사이에 주종 관계가 뚜렷해야 한다. 훈련은 쉽게 이뤄지지 않으므로 따뜻한 애정과 함께 확고한 태도를 견지함으로써 개에게 훈련의 필요성을 인식시켜야 한다.

훈련사는 개를 사랑하면서도 사냥임무를 수행하도록 가르치는 두가지 일을 동시에 수행해야 하는 것이다.

나. 징계

개를 사랑하는 방법은 단순하다. 쓰다듬어 주고, 친절한 말로 대화를 시도하면 된다.

개에게 체벌을 가하는 일은 약간의 기술이 필요하다. 체벌의 강도도 다양하고 형식도 가지각색이다.

가죽끈을 매고 심하게 다루는 방법도 있지만 간단하게 개를 무시함으로써 징계 효과를 거둘 수도 있다.

예를 들어 '앉아'나 '멈춰'를 가르칠 때 개가 반대로 일어서거나 훈련사에게 다가오면 이 때는 간단하게 개를 무시해 버림으로써 징계를 가할 수 있다.

개가 훈련사에게 다가오는 것은 애정 표현을 원하기 때문이다.

이 때 개를 무시함으로써 개의 자존심에 상처를 줄 수 있다.

개에게 관심을 완전히 끊고 훈련을 계속하면 개는 뭔가 잘못됐다는 사실을 깨닫게 된다.

개들은 본능적으로 훈련사가 취하는 위협의 동작도 알고 있다. 만약 개가 훈련사의 명령을 알면서도 행동으로 옮기지 않는다면 그것은 개가 훈련사를 시험하는 것이다. 이 때는 때릴 것처럼 손을 높이 들고 개에게 다가선다.

개는 움찔하면서 지시에 곧 따르게 된다. 체벌의 강도는 개의 나이, 학습능력을 고려해 결정하도록 한다.

개가 갈수록 고집이 더 세지고 어리석어 진다면 강도 높은 벌을 준다거나 양볼을 쥐고 눈을 똑바로 응시하며 잘못을 지적하여야 한다.

강도높은 벌을 줄 때는 그 벌이 주인이 주는 벌이 아닌 것처럼 숨길 필요가 있으며 재빨리 정상적인 상태로 회복하는 것이 중요하다. 더 이상의 잔소리는 불필요하다.

잔인하다고 생각할지 모르지만 훈련 없이 개를 망치는 것이 오히려 더 잔인한 일이다.

경우에 따라 체벌을 가하기 전에 개에게 벌을 가하는 이유를 분명히 알도록 해야 할 때도 있다.

다. 목소리

훈련에서 목소리도 매우 중요하다. 때로는 명령의 톤이 명령 그 자체만큼이나 중요할 때가 있다.

초보 훈련사들 가운데 개에게 명령에 따르도록 사정을 하는 경우가 있는데, 명령은 명령일 뿐 결코 부탁이 아니다.

목소리의 톤은 개가 훈련을 계속 하도록 자극한다. 처음 훈련을 시작할 때부터 큰 목소리로 명령하고 만약 개가 명령에 따르지 않으면 점점 더 크게 반복하도록 한다.

라. 명령어

명령어는 짧고 명랑해야 하며 한 단어여야 한다. 결코 사족을 달지 말고 '멈춰', '앉아' 라고 한 단어로 명령해야 한다.

사족을 달면 개가 혼란스러워할 뿐이다. 가령 "잭, 옳지, '이리와', 그렇지"라는 명령을 내리면 개는 훈련사를 쳐다보긴 하겠지만, 정작 '이리와' 명령에 따라야 할지 망설이게 된다.

개의 이름을 부르는 것 자체가 '주목'의 명령이라서 다음 명령어에 따라야할지 혼란스럽기 때문이다.

마. 훈련사의 자세와 동작

개는 훈련을 받을 때 항상 훈련사를 주시한다. 따라서 훈련사의 자세와 동작이 개에게 미치는 영향도 매우 크다.

훈련사는 천천히 움직이며 침착하게 행동해야 한다.

개가 실수를 하면 천천히 개에게 다가가 교정시켜 주는 게 좋다.

이 때 말과 동작을 항상 함께 활용하는 것이 효과적이다.

가령, '이리와' 라는 명령을 내릴 때 꼿꼿이 서서 명령을 내리는 것보다 몸을 약간 구부린 상태에서 명령을 내리는 게 효과적이다. 꼿꼿이 선 상태는 개에게 위협적인 동작이지만 구부린 동작은 악의 없는 친근한 동작이기 때문이다.

훈련사의 동작으로 표현되는 수신호 뿐만 아니라 명령어를 말하는 순간에 취하는 훈련사의 자세도 매우 중요하다.

개가 수신호에만 집착해 명령어를 무시하므로 수신호와 명령어가 항상 일치해야 한다.

바. 기타

먹이는 가급적이면 훈련이 끝나고 먹이는 게 좋다. 배가 가득 찬 상태에서는 개의 집중력이 흐트러진다.

훈련시간에 구경꾼이 있으면 개는 구경꾼에 신경을 쓰느라 훈련을 제대로 할 수 없다.

훈련시간은 개가 지루하지 않을 만큼 정하는 게 좋다. 개를 잘 관찰해서 개가 지루할 때 걷는 몸짓이나 표정을 미리 알아두면 훈련시간을 정하는 데 도움이 된다.

개의 행동을 미리 예측하는 것도 필요하다. 항상 훈련과정을 꼼꼼히 기록해 두도록 하자.

개들은 훈련사의 일상을 통해 무의식적으로 학습을 하게 되는 경우가 많으므로 개와 함께 있을 때는 개가 잘못된 지식을 쌓지 않도록 미리 주의하는 게 좋다. 개가 훈련사의 인격을 닮는다는 말이 있다.

2. 간추려 본 조기훈련 (49~84일)

(1) 훈련의 중요성

전문가들의 연구에서 조기교육을 실시하지 않고 길러진 강아지 가운데 맹인안내견으로 활용할 수 있는 개는 약 20%에 불과했다. 반면 생후 5주부터 교육을 실시하면 성공률은 90%까지 올라갔다. 이 연구를 활용한 맹인안내견협회의 훈련사례에서도 생후 1년 이전에 훈련을 실시한 결과 성공률이 94%로 높아졌다는 기록도 있다.

특히 제 4기에 해당하는 생후 7주부터 훈련을 시작한 개들의 성공률은 거의 100%에 육박했다고 한다.

이 시기에 강아지의 성장에 영향을 미치는 요소는 주변환경, 약간의 억제와 게임, 인간과의 접촉 등이다.

(2) 방법

이 시기의 훈련은 게임과 거의 구별하기 힘들 정도로 무의식적인 훈련이 주로 실시된다.

다음 단계의 훈련을 대비해 정서적인 안정과 애정 등 강아지의 정신적인 측면도 매우 중요하게 다뤄진다.

가. 안전

이 시기의 강아지들은 행복한 강아지가 되어야 한다. 행복한 강아지는 좋은 주인으로부터 생존에 필요한 모든 것을 제공받고 위험으로부터 보호를 받는다.

이 시기를 통해 정서적으로 안정된 강아지에게 높은 교육효과가 나타난다.

나. 인간과의 접촉

강아지는 견사에서 모견과 형제 강아지들만 접촉했왔다. 그러나 이제부터는 새로운 주인과 친밀한 관계를 맺는 게 중요하다. 강아지는 먹이를 주고 돌봐주는 사람들에게 애정을 가지게 된다.

이 시기에 강아지의 정서적인 개발은 강아지의 육체적, 정신적 성숙도와 비례한다.

이 시기부터 인간과 강한 유대관계를 형성하게 되므로 어미견을 대신해 주는 주인은 강아지에게 중요한 존재가 된다.

그러나 생후 4 ~ 5개월이 지나도록 견사에 남아 있는 개들은 이런 기회를 가질 수 없으므로 교육효과도 낮아지게 된다.

❖ 훈련 1

강아지를 집에서 기르면서 함께 놀아 주고 친밀한 관계를 맺는다. 강아지를 집에서 기르면 조기훈련에 필요한 집중력을 쉽게 키울 수 있다.

강아지는 사람들과 놀면서 팀웍을 배우고 주인을 기쁘게 해주고 싶은 본능에 눈을 뜬다.

❖ 훈련 2

인간과 개의 유대 관계는 강하면 강할수록 좋다. 견사에서 강아지에게 줄 수 없었던 애정을 가정에서 충분히 주도록 해야 한다.

다. 짜증에 견디기

세상은 장미빛으로 가득 찬게 아니다. 강아지도 빨리 이 사실을 깨달아야 한다.

힘들고 고달픈 상황에 대처할 수 있어야 우수한 인간이 되듯, 짜증나는 상황을 경험하도록 하고 그 상황에 견디는 법을 배우도록 하자.

강아지가 그것을 참아내면서 적응하는 법을 배우면 훈련은 성공하게 된다.

❖ 훈련 3

개줄을 매면 강아지는 처음엔 고통스러워 한다. 그러나 이내 이 상황을 이용하려고 시간을 적절히 보내는 법을 배우게 된다.

개줄의 고통을 참는 법을 배움으로써 강아지는 헌터와 협력하는 마음을 가지게 된다.

❖ 훈련 4

줄을 매고 산책하러 나가는 등 매일 시간을 내서 강아지에게 짜증나는 상황을 경험하도록 함으로써 세상이 단지 먹고, 잠자고 노는 것만이 아니라는 사실을 깨닫도록 하자.

라. 구속을 받아들이기

강아지에게 구속을 빨리 가르칠수록 강아지와의 다툼은 더 줄어든다. 개의 입장에서 훈련은 매우 불편한 것임에 틀림없다.

개가 본격적인 훈련을 시작하기에 앞서 미리 가벼운 구속과 규

강아지에게 줄을 매면 처음엔 불편해 하거나 앙탈을 부리지만 2~3일 후에는 인내하는 법을 배우고 헌터와 협력하게 된다.

율을 배우도록 한다.

❖ 훈련 5

잘 짖는 개는 이웃들에게는 불편한 존재다. 주둥이를 움켜쥐고 입을 다물게 한 후 '조용히'라는 명령어를 반복해 보자.

이미 강아지는 기본적인 명령어를 학습할 수 있을 만큼 성장했다는 사실을 명심하고 훈련을 시키도록 한다.

❖ 훈련 6

개가 놀고 싶어하더라도 시간이 없다면 개를 밖에 매둔다. 개는 이 과정을 통해 기다리는 법을 배우게 될 것이다.

❖ 훈련 7

이제부터 '앉아' 라는 명령어를 가르쳐 보자. 명령어에 따라 개가 앉으면 수신호(손바닥을 쫙 펴보임)와 함께 '그대로' 라고 명령한다.

❖ 훈련 8

훈련사가 뒤로 물러나도 개가 움직이지 않았다면 대성공이다. 개는 차츰 명령어에 익숙해질 것이므로 이 단계에서 너무 서두르지 말고 강아지의 사소한 성취에도 칭찬을 한다.

마. 충분한 휴식

가능하면 개와 함께 자주 산책하는 게 좋다. 주인과 산책을 하면서 강아지는 이 세계가 매우 크다는 사실을 알게 된다.

나무나 바위 같은 낯선 풍경들과 새, 벌, 냄새 등 처음 보는 바깥 세상에 스트레스를 받게 되지만 세상에 대한 애정도 싹틀 것이다.

그러나 훈련을 시킨 다음에는 강아지에게 충분히 쉴 시간을 줘야 한다. 이 단계는 강아지에게 무언가를 가르치려는 게 아니라 다음 단계의 훈련을 준비하는 과정일 뿐이다.

다만 집에 있을 때는 조용히 있어야 하고 짖지 말아야 한다.

기본적으로 배워야 할 습관들은 엄하게 익히도록 하면서 다른 것들은 관대하게 대한다.

이 시기에 강아지가 느끼게 되는 가장 중요한 체험은 바로 흥미이며, 강아지가 주인을 사랑하고 진심으로 따르는 태도가 형성되어야 한다.

❖ 훈련 9

낚싯대에 날개를 매달아 보여 주면 강아지가 큰 관심을 나타낼 것이다. 이 도구는 포인 훈련을 시키기 위한 것이지만 강아지는 즐거운 게임으로 경험한다.

지금은 장난감으로 생각하게 해서 이 기구를 친숙한 물건으로 생각하도록 유도한다.

3. 기본훈련 (85~112일)

(1) 훈련의 중요성

강아지가 생후 12주에 접어들면서 이제 본격적인 훈련이 시작되는 단계다.

생후 5주부터 훈련을 시작한 강아지 가운데 90% 이상이 성공적으로 맹인안내견이 됐다고 한다.

그러나 생후 12주까지 기초교육만 받고 다시 견사로 되돌려 보내졌을 때는 성공확률이 57%로 떨어지며 여기에 인간과의 접촉도 차단하면 30%까지 떨어진다.

기본훈련은 강아지가 기초훈련을 무사히 마쳤을 때 성공적으로 이뤄질 수 있다. 이 시기는 강아지의 정신이 성숙해지는 마지막 단계로, 놀이가 아닌 훈련이 시작된다.

무의식적인 훈련 대신 의식적인 훈련이 이뤄지며 각종 명령어를 학습시키는 단계이다.

강아지는 하루에 10분씩 2주 정도 교육을 받게 되며 익혀야 할 명령어는 '앉아', '멈춰', '이리와', '정지', '따라와', '들어가', '안돼', '엎드려' 등이다.

(2) 기본 명령어

'이리와', '정지' 명령어는 우수한 사냥 본능을 가지고 있는 개라면 이 명령어만 익히더라도 훌륭한 사냥개가 될 수 있을 만큼 중요하다.

가장 먼저 '앉아'를 가르친다. 이 명령어를 익히면 차량으로 이동하는 중에 엽견을 통제할 수 있게 된다.

'멈춰'는 학습과정에서 자세를 교정하는 데 도움을 준다.

가. 앉아

이 명령을 가르칠 때는 개줄을 매어주도록 한다. 개줄은 개에게 구속을 의미하므로 개를 훨씬 쉽게 다룰 수 있는 도구이다.

나중에는 개줄을 매지 않고도 이 명령어를 사용할 정도가 되도록 한다. 훈련을 실시하는 과정에서 개가 머뭇거리더라도 질책하지 말고 줄을 바짝 당기기만 하자. 그러면 개는 고통을 느끼게 되어서 자동적으로 명령에 복종하게 된다.

이렇게 개줄은 훈련사가 주인이라는 사실을 개가 재인식하게끔 하는 도구가 되기도 한다.

개가 명령어를 배운 후에 명령어와 함께 첫 번째 수신호를 가르치도록 하자.

❖ 훈련 10

오른손에 개줄을 쥐고 '앉아' 명령을 내린다. 그리고 왼손으로는 강아지의 엉덩이를 눌러 준다.

❖ 훈련 11

왼손으로 엉덩이를 눌러 주면서 오른손으로는 개가 머리를 들도록 당겨준다. 처음엔 개가 저항하겠지만 질책하지 말고 개줄을 당겨 느끼도록 한다. 개가 제대로 자세를 잡으면 개를 칭찬해 준다.

❖ 훈련 12

개가 훈련사의 도움없이 '앉아' 자세를 취하면 개줄을 벗겨 준다. 그리고 개의 앞으로 몇 걸음 나가 검지손가락을 펴고 '앉아' 명령을 한다. 이것이 바로 '앉아' 명령의 수신호다.

개가 '앉아' 명령에 익숙해지면 검지손가락은 펴고 '앉아' 수신호를 익히게 한다.

❖ 훈련 13

개가 놀고 있을 때 가끔씩은 '앉아' 명령과 함께 검지손가락을 펴보자. 몇 주가 지나면 개는 검지손가락만 펴도 앉게 될 것이다. 훈련의 초기단계에서 수신호는 매우 중요하다. 앞으로 점점 더 쓰임새가 많아지므로 처음부터 확실하게 가르치도록 한다.

나. 그대로

언제가는 '앉아'와 '그대로' 명령어가 개의 생명을 구하게 될지도 모른다.

실렵에서 뿐만 아니라 훈련에서도 '그대로' 명령어는 매우 중요하다.

❖ 훈련 14

‘앉아’ 상태에 있는 개에게 수신호와 함께 ‘그대로’ 라고 명령한다. 이 때 개줄을 짧게 잡는다.

❖ 훈련 15

‘그대로’ 명령을 반복하며 천천히 개의 앞으로 나간다. 이때 수신호를 계속 보여 주며 ‘그대로’ 라는 명령어를 반복한다.

‘그대로’ 명령의 수신호는 손바닥을 펴서 개에게 보이는 것이다.

❖ 훈련 16

개가 정지해 있는 상태에서 점점 개줄을 풀어 주면서 뒤로 물러난다. 걸음을 뗄 때마다 명령어를 반복하고 손바닥을 펴서 수신호를 보낸다. 걸음걸이는 느리고 확실하게 한다.

❖ 훈련 17

어느 정도 개가 명령어에 숙달됐다고 생각되면 뒤로 돌아서 개를 쳐다보면서 수신호와 함께 명령어를 반복한다.

조금씩 개와의 거리를 늘려나가면 2주가 지난 후 훈련사가 완전히 사라져도 개가 멈춰 있을 것이다.

다. 이리와

'이리와' 명령어는 실렵에서 가장 중요한 명령어이다. 이 명령어를 익혀야 엽견의 수색 범위를 통제할 수 있다.

이 단계에서는 기초훈련만 실시하도록 한다. '이리와' 명령에는 명령어를 사용하는 방법 외에도 휘슬(두번 짧게 분다)과 수신호를 사용하는 방법이 있다.

그런 수신호는 두 가지 장점이 있다.

첫째, 목소리나 휘슬을 사용하기 곤란할 때 사용할 수 있는 것이고, *둘째*, 개가 항상 훈련사를 의식할 수 있도록 해준다. 실렵에서 개가 훈련사를 의식하도록 하는 것은 필수적이다.

대부분의 개들은 신호에 잘 적응하는 편이다. 몇 주가 지나면 3가지 신호 중 하나만 사용해도 개들이 명령을 수행한다.

❖ 훈련 18

'앉아', '그대로' 명령을 한 후 개에게서 4~5m 떨어져 나온다. 그리고 '이리와' 라고 명령한다. 이 때 개를 향해 펼쳐 보였던 손바닥을 땅쪽으로 내리며 동시에 휘슬을 두 번 짧게 분다.

❖ 훈련 19

개가 '이리와' 명령을 따르지 않으면 몸을 돌려 개의 반대 방향으로 손뼉을 치면서 달린다.

그러면 개는 흥미를 느껴 따라오면서 무의식중에 명령어를 배운다. 이때 '이리와' 명령을 반복한다.

라. 멈춰

개의 본성은 자유롭게 달리고 물건을 움켜쥐는 것이지만 포인팅 독은 신중하게 포인 자세를 유지하고 헌터에게 게임의 위치를 알려 줘야 한다.

이것은 개의 본성과 반대되는 것으로, 훈련을 통해 갖게 되는 능력이다.

사람이 향기에 취하듯 개가 게임의 냄새에 도취돼 흥분하는 것은 당연하다. 그런데 실렵에서 개의 흥분이 지나치면 게임이 도망간다. 따라서 침착한 포인이 필수적이다. 이 때 필요한 명령어가 '멈춰' 이다.

헌터들마다 이 명령어를 가르치는 방법도 다양하다. 어떤 훈련사들은 막 젖을 뗀 강아지가 먹이를 먹으려고 할 때 '멈춰' 명령을 가르친다. 강아지가 밥그릇으로 가는 도중에 '멈춰' 명령을 내려 개가 명령어를 잘 수행하면 '들어가' 라는 명령어를 내려 먹이를 먹게 한다.

그러나 이 훈련법은 개가 소화장애에 걸리는 부작용이 있다. 도르레를 사용하는 방법도 있다.

우선 개가 '앉아', '그대로' 상태에 있도록 하고 로프를 풀어 주면서 '이리와' 명령을 내린다. 이어 로프를 고정시키면서 '멈춰' 명령을 내리는 것이다.

그러나 이 기구는 너무 복잡하고 개의 판단력을 무시하는 단점이 있다.

여기서는 간단한 방법을 사용하도록 한다. 우선 개가 '앉아', '그대로', '이리와' 명령을 알고 있어야 한다.

특히 '그대로'의 수신호가 중요하다. 먼저 개가 '앉아', '그대로' 상태에 있도록 하고 개에게서 멀찌감치 떨어져 '이리와' 명령을 내려 보자.

그리고 개가 달려오는 반대 방향으로 달려간다. 그러다 갑자기 방향을 바꿔서 '멈춰'라고 명령한다.

이 때 손바닥을 바짝 세우면서 공중으로 뛰어올라 '그대로' 수신호를 동시에 보내야 한다.

그러면 '이리와' 명령을 수행하던 개는 순간 어떻게 해야 할 지 몰라 당황할 것이다. 그러나 이내 '그대로' 명령어를 기억해내면서 멈추게 된다.

이 단계에서는 명령어가 보조 수단으로 활용되고 있지만 실렵에서는 명령어가 주된 신호가 되어야 한다.

훈련을 반복하면서 반드시 과장된 행동을 버리고 대신 단호한 목소리로 '그대로' 명령과 함께 수신호를 하는 방법으로 바꿔 나가도록 하자.

강아지가 명령어에 익숙해지면 그때부터는 목소리로만 명령을 내리도록 한다.

이 때쯤이면 강아지는 벌써 생후 4개월의 시기에 접어들고 있을 것이다.

한 가지 주의할 점은, 이 명령어를 훈련 이외의 목적으로 사용하지 말라는 것이다.

이 명령어는 포인 과정에서 개가 새를 날려 버리는 것을 방지하는데 사용되어야 한다.

물론 '앉아' 명령을 잘 듣지 않는 개에게도 사용할 수 있다.

그러나 집이나 공터에서도 포인과 관계없이 이 명령어를 너무 자주 사용하면 개가 싫증을 내므로 효과가 줄어든다.

❖ 훈련 20

개에게서 떨어져 '이리와' 명령을 내린다. 개가 달려오면 반대 방향으로 뛰기 시작한다. 갑자기 개를 향해 뒤돌아서서 '그대로' 명령을 내린다. 훈련에 익숙해지면 '그대로'의 수신호 대신 명령어를 더 많이 사용하도록 한다.

마. 안돼

이 명령어를 훈련시키기 위한 방법이 따로 있는 것은 아니다. 개는 이미 가정에서 이 명령어를 들어봤을 것이다.

단지 훈련과정에서는 이 명령어를 좀더 통제된 상황에서 단호하게 사용하도록 한다. 언제 이 명령어를 사용해야 할지에 대해선 따로 언급하지 않겠지만, 다른 명령어에 비해 훨씬 자주 사용하게 될 것이다.

바. 따라와

이 명령어 역시 개의 안전과 편의를 위해 사용된다. 개와 나란히 걸을 때 견주가 오른손잡이라면 개는 항상 왼쪽으로 따르도록 하고 자동차가 많이 다니는 도로에서는 개가 도로 바깥쪽으로 걷도록 한다.

❖ 훈련 21

개줄을 짧게 잡고 개와 걷는다. 개줄을 잡지 않은 방향의 엉덩이 쪽 대퇴부를 손바닥으로 두드리며 '따라와' 라고 명령한다.

처음에는 개가 훈련사의 앞으로 달려나가려 하지만 목에 고통을 느끼면 이내 포기할 것이다. 이 때 개줄을 잡아당길 필요는 없다.

❖ 훈련 22

개가 줄 때문에 주춤하면 개의 옆으로 다가가 나란히 다시 걷기 시작한다. 이 때 대퇴부를 손바닥으로 두드리며 '따라와' 라고 명령한다.

❖ 훈련 23

뒤처진 개를 앞에서 끌지 말고 대신 대퇴부를 손바닥으로 치며 '따라와' 라고 명령한다. 그리고 개가 다가오기를 기다린다.

❖ 훈련 24

개가 앞으로 나가 당신의 걸음걸이를 방해 한다면 비켜나려 하지 말고 몇 걸음 더 그대로 걷는다. 개가 더 이상 방해 하지 못할 것이다.

❖ 훈련 25

마무리는 개줄이나 막대를 사용한다. 개의 걸음을 조절하면서 너무 앞서나가면 개줄을 빙빙 돌리거나 막대로 막는다. 그렇게 해서 훈련사의 걸음속도와 맞추게 되면 개줄을 제거하고 다시 훈련을 시작해 본다.

'따라' 명령에 익숙해지지 않으면 다시 개줄을 매고 훈련을 반복한다.

❖ 훈련 26

엽장에서 안전을 위해 개는 헌터가 총을 휴대한 방향과 반대편으로 따르도록 미리 훈련을 시켜둔다.

실렵에서는 총을 든 손과 반대 방향으로 엽견이
따라오도록 한다.

사. 들어가

강아지가 생후 4개월이 되는 시기부터 차 안에 개집을 마련해두고 들어가 있도록 하는 게 좋다.

비좁은 개집에 들어가면 강아지는 답답해져서 머리를 내밀고 한동안 짖어대겠지만 이미 '짜증을 참아내는 법'을 훈련시켰으므로 익숙해질 것이다.

개가 짖는다고 해도 막을 필요는 없다. 애써 막으려 들면 짖는 버릇이 더 오래 간다. 차안에 두는 시간을 점점 늘려 주면 나중에 수렵장으로 가는 시간 동안 개는 얌전히 지낼 것이다.

❖ 훈련 27

개를 켄넬 앞으로 데려가 '들어가' 라고 명령을 내린다. 들어가지 않으면 밀어 넣는다.

❖ 훈련 28

개가 처음에는 비좁은 차 안이 답답해서 짖더라도 그냥 내버려 둔다.

(3) 엽장 수색 훈련

가. 주의사항

개 훈련의 모든 단계는 서로 밀접하게 연관돼 있다. 이제 강아지 훈련의 마지막 단계로 실렵과 밀접한 주제를 다룬다.

실렵을 대비한 훈련은 최초에는 빈 공터에서 실시하고 익숙해지면 엽장에서의 훈련도 병행한다.

이 단계에서 훈련 목적은 강아지를 경기용 엽견으로 만드는 것이 아니고 엽장에서 적당한 거리 내에서 수색하도록 통제하려는 것이다. 물론 사냥 감각을 익히게 하는 목적도 포함돼 있다.

여기서 실시할 수색훈련은 다른 훈련법과 큰 차이가 있다. 개가 마음대로 뛰어다니게 하는 대신 개의 위치와 행동을 항상 파악할 수 있도록 통제해야 한다.

개가 통제에 잘 따른다면 그 때부터 수색 범위를 넓혀 줘도 무방하다.

그러나 훈련이 진행되는 과정에서 개에게 단호하게 명령해 멀리 가면 안 된다는 사실을 깨닫도록 해준다.

개는 항상 어깨 너머로 훈련사의 위치를 확인하는 습관을 가져야 한다. 이 훈련을 거치면 개는 헌터와 적정한 거리를 유지하는 법을 배우고, 좁은 범위에서 사냥을 시작해 점점 더 넓은 범위로 넓혀 나가는 법을 알게 된다.

이 훈련에서 수신호가 매우 중요하다. 모든 명령은 수신호를 통해 전달될 것이다.

물론 수신호에 대한 훈련을 거쳤지만 엽장에 나온 개들은 한동안 전혀 새로운 경험으로 받아들일 것이다.

나. 훈련법

① 천천히 걷기

강아지를 처음으로 엽장에 데리고 가면 헌터 곁에 머무르려고 하는 습관이 있다. 적정한 거리를 유지하도록 하기 위해 개가 너무 가까이 오면 발로 가볍게 밀어낸다.

엽장뿐만 아니라 산책을 나가거나 개줄이 매어져 있는 상태에서도 일정한 거리를 유지하게 한다. 만약 개가 훈련사의 앞으로 가지 않고 뒤에 따라오면 돌아서서 개가 항상 앞에서 가도록 한다. 이 훈련은 '따라와' 명령과 혼동되므로 공터에서 실시해야 한다.

❖ 훈련 29

개가 훈련사로부터 일정한 거리를 유지해야 한다는 사실을 가르치기 위해 가까이 오면 발로 살짝 쳐서 밖으로 밀어낸다.

❖ 훈련 30

개가 훈련사로부터 거리를 유지하게 되면 이제부터는 헌터의 앞에서 걷는 법을 가르친다. 개가 뒤를 따르려고 하면 갑자기 돌아서서 개가 앞서서 걷도록 한다.

❖ 훈련 31

개가 앞으로 나가게 되면 이제부터 개가 앞장서도록 한다. 개가 가끔씩 훈련사의 위치를 확인하도록 하면서 항상 훈련사의 앞에서 걷도록 한다.

② 지그재그 훈련법

훈련이 반복되면 개가 헌터의 앞에서 걷는 데 익숙해질 것이다. 그러나 아직 뛰어다닐 정도로 대담해진 것은 아니다. 항상 헌터의 위치를 확인해야 안심하기 때문이다.

대신 훈련사가 가는 곳이라면 어디든지 앞서갈 정도는 되므로 이 점을 적절하게 활용해 엽장에서 지그재그로 걷는 훈련을 시켜본다.

이 훈련을 통해 엽견은 엽장 수색 방법과 적당한 수신호에 대해 배우게 될 것이다. 훈련을 실시할 때 훈련사는 항상 활기찬 걸음걸이를 하도록 한다.

개가 이 훈련을 거치고 나면 엽장에서 자유롭게 뛰어다니게 되지만, 새로운 지형을 접하게 되면 다시 위축될 것이다.

❖ 훈련 32

개활지의 정중앙에서 훈련을 시작하자.

방향은 어디라도 상관없다. '천천히 걷기'에 익숙해진 개는 이제 훈련사의 앞에서 걷고 있을 것이다. 개와 잠시 걷다가 갑자기 방향을 바꿔 본다.

방향을 바꾸면서 앞에 가고 있는 개에게 휘슬을 불어 주의를 끈 다음 새로운 방향을 가리키는 수신호를 보낸다. 훈련사의 앞에서 걷고 있던 개가 수신호를 보고 방향을 바꿀 것이다.

❖ 훈련 33

개가 새로운 방향으로 바꿔 걷는 데 익숙해지고 뛰기 시작한다면 '계속해'라고 명령한다.

이 새로운 명령어는 뛰는 동작을 계속하라는 의미다. 훈련을 시작한 지 1주일 정도가 지나면 개는 '계속해' 명령과 수신호에 익숙해져 훈련사의 명령에 맞추어서 뛰게 될 것이다.

❖ 훈련 34

'천천히 걷기'에 익숙해진 개에게 지그재그 훈련은 어려운 훈련이 아니다.

방향을 바꿔가며 반복적인 훈련을 통해 개에게 수색의 기초를 가르친다.

③ 수색 훈련

이제는 엽장에서 수신호만으로 방향을 지시하고 개 혼자서 수색 하도록 하는 훈련이다. 수색은 개가 실렵에 나가 헌터의 앞에서 전후좌후로 움직이며 게임을 찾는 동작이다.

이 훈련에서는 수신호를 반복함으로써 개가 수신호를 통해 새로운 방향을 찾도록 유도한다. 엽장훈련에 앞서 공터에서 이 훈련을 실시해 보자.

먼저 개가 신호에 따라 새로운 방향으로 움직이고자 하는 의욕이 있는지 확인해야 한다.

개가 반응을 하지 않으면 지그재그 훈련을 더 실시해서 신호의 의미를 확실히 이해해야 한다.

수색훈련을 실시하는 동안 훈련사는 수신호를 보내면서 점점 자신의 이동거리를 줄여나가야 하며, 나중에는 멈춰서 개에게 지시를 내리도록 한다.

❖ **훈련 35**

'지그재그 훈련'에 익숙해진 개는 이제 훈련사의 지시대로 움직이며 뛰게 될 것이다. 이제부터 훈련사는 이동거리를 줄여가며 개

수신호로 지시할 때 과장된 동작은 명령의 의미를 명확하게 해준다.

가 가야할 방향을 지시해야 한다.

나중에는 제자리에서 지시해 본다. 개는 수색 방식의 일관성을 모색하게 되며 과거의 수색방식을 체크해 가면서 지시에 따를 것이다.

수신호를 하면서 손이 가리키는 방향으로 몸을 약간 기울이면서 과장된 몸짓으로 지시하면 효과가 더 높아진다.

❖ 훈련 36

개가 점점 수색에 능숙해지는 것이 느껴진다면 개의 능력을 확인해보기 위해 개가 한번 갔던 방향을 다시 가리켜 본다.

개가 혼란스러워하지 않는다면 개가 수색에 익숙해지고 있다는 증거다.

④ 엽장수색훈련

공터에서 가르쳤던 것들을 이제는 엽장에서 훈련시켜 보자. 엽장의 새로운 냄새와 낯선 풍경에 당황하는 개를 위해 '주목' 이라는 새로운 명령어를 사용한다. 이 명령어는 휘슬로 표시된다.

만약 개가 이 명령어를 이해하지 못한다면 개가 훈련사에게 오도록 기다려 다시 한번 휘슬을 불어주면서 '앉아' 라고 명령한다.

그러면 개는 이 명령어가 '이리와' 라는 뜻이 아니라 뭔가 다른 뜻(주목)이 있다는 사실을 깨닫게 된다. 이 때 재빨리 개에게 한 방향을 가리키며 달려가도록 한다.

❖ **훈련 37**

개에게 '앉아' 명령을 내리고 20m 정도 걸어가 약간 길게 휘슬(주목의 의미)을 불면 개가 고개를 돌려 훈련사의 수신호를 보게된다. 이 때 왼쪽을 가리켜 달려가도록 명령한다.

❖ **훈련 38**

휘슬을 불어도 개가 무슨 뜻인지 정확하게 파악하지 못하면 수신호로 '앉아' , '그대로' 라고 명령한다.

❖ 훈련 39

개가 주목하게 되면 재빨리 한 방향을 가리키며 '계속해' 라고 명령한다.

❖ 훈련 40

개가 명령에 따라 움직이기 시작하면 휘슬을 불어 '주목' 을 시키고 반대 방향을 가리켜 본다.

그래도 명령에 따른다면 이제 개가 훈련을 게임처럼 느끼고 있다는 증거다.

이전까지만 해도 엽장수색훈련은 실렵을 통해 자연스럽게 터득하게 했지만 이제는 미리 훈련을 시켜볼 수 있다.

⑤ 수색범위 확대

엽장에서 개의 수색 범위는 다른 손의 수신호를 배움으로써 확대될 수 있다. '엽장수색훈련' 에서 개는 훈련사의 시야 안에서만 움직였을 것이다. 이제 엽견의 수색 범위를 넓혀 주도록 해보자.

❖ 훈련 41

훈련사가 지시한 방향으로 달리고 있을 때 개에게 달려가 휘슬을 불어 주목하게 한 다음 손을 쳐들고 '계속해' 라고 명령한다. 그러면서 훈련사는 계속 개가 서 있는 방향으로 달려간다.

❖ 훈련 42

개가 훈련사를 돌아보고 처음에는 무슨 명령인지 몰라 당황하지만 오래지 않아 명령의 의미를 깨닫고 더욱 멀리 달려가게 된다.

이 훈련은 실렵에서 숲이 우거져 개가 들어가기를 꺼려하는 상황에서도 응용할 수 있다.

⑥ 엽견찾기

엽장에서 훈련을 시키다 보면 개가 훈련사의 시야 밖으로 사라지는 경우가 있을 수 있다. 이 때 취할 수 있는 행동과 개가 돌아온 후에 보여줄 수 있는 행동에는 두 가지가 있다.

❖ 훈련 43

'엽장수색훈련'에서 개가 시야에서 사라지면 휘슬을 짧게 두 번 분다('이리와' 명령). 그래도 개가 돌아오지 않는다면 두 가지를 검토한다. 첫째, 개를 찾아낼 수 있는지 여부를 먼저 따져본다. 개를 찾을 수 있다면 즉각 개를 향해 달려간다.

어린 개는 흥분해서 쉽게 돌아오지 않을 수도 있기 때문에 직접 가서 데려와야 한다. 개를 발견했다면 휘슬에 복종해야 한다는 사실을 다시 한번 각인시켜야 한다.

개의 양볼을 잡고 얼굴을 바라보면서 휘슬을 분다. 동시에 '이리와'라는 명령어도 반복한다. 개가 잘못을 뉘우치고 있는 모습을 확인하게 되는 순간 멈춘다.

❖ 훈련 44

훈련을 재개한다. 개의 수색이 어느 정도 진행되고 거리가 멀어질 것 같으면 다시 휘슬을 불어 '이리와' 명령을 한다. 만약 개가 돌아오지 않는다면 다시 양볼을 잡고 주의를 준다.

그러나 대부분의 경우에는 돌아올 것이다. '이리와' 명령에 순종하여 개가 돌아왔을 때는 칭찬을 아끼지 않아야 한다.

❖ 훈련 45

만약 휘슬을 불어도 개가 돌아오지 않고, 개를 찾는 것도 어렵다고 판단되면 아예 개가 보지 못하도록 숨어 버린다.

뒤늦게 훈련사가 서있던 자리로 돌아온 개는 훈련사가 없어진 것을 알고 크게 놀랄 것이다.

❖ 훈련 46

잠시 놀란 개가 혼자 있도록 내버려둔다. 개는 미친 듯이 훈련사를 찾아나설 것이다. 뒤늦게 후회해도 소용없는 일이다.

❖ 훈련 47

개가 후회하도록 잠시 기다린 후에 개를 부른다. 마침내 훈련사를 발견한 개는 무척 기뻐할 것이다.

그 순간 개를 무시해 버린다. 당황한 개는 주인의 밝은 표정을 보기 위해 꼬리를 치면서 애교를 떨 것이다.

그러나 충분히 반성할 때까지 무관심한 척한다. 개는 이렇게 당하고 나면 다음 훈련에서 휘슬을 불면 반드시 돌아오게 된다.

4. 낚싯대 훈련 (생후 113일 이후)

이제 기본훈련을 마친 개들에게 본격적으로 사냥훈련을 시켜야 한다. 이제부터 시작하게 될 '낚싯대를 이용한 훈련법'은 강아지가 '멈춰'를 확실하게 익힌 후에 실시한다. 이 훈련에서는 개가 총성에 익숙해지는 법, 동조포인, 수중운반에 이르기까지 실렵에서 필요한 내용들을 경험하게 한다. 과거에는 밖으로만 나가면 많은 게임을 접할 수 있어 개를 훈련시키기는 쉬웠다.

그러나 게임이 줄어든 요즘엔 '낚싯대를 이용한 훈련법'이야말로 간편하고 효과적으로 기초훈련을 시킬 수 있다.

(1) 훈련의 준비

이 교육을 위해 필요한 것은 낚싯대와 낚싯줄, 새의 날개다. 가능하면 실렵에서 구한 새의 날개를 이용하는 것이 좋다.

낚싯줄이 너무 길면 다루기 불편하므로 2m 정도로 한다.

이 훈련을 시작하기에 적당한 강아지의 수준은 '멈춰' 명령을 능숙하게 수행할 수 있어야 한다.

훈련을 시작할 때 강아지가 낚싯줄에 매달린 날개에 별다른 관심을 보이지 않는다면 가만히 날개를 땅에 내려 놓는다.

그러면 십중팔구 강아지는 날개에 달려들 것이다.

강아지가 이 기구 자체를 싫어한다면 강아지 바로 앞에서 새의 날개를 끌어 보도록 한다. 틀림없이 관심을 보이며 땅바닥을 긁어 댈 것이다.

그래도 관심을 보이지 않는 개라면 훈련을 멈추고 다음 날에 다시 시작하도록 한다. 가능하면 새의 날개를 강아지에게 매력적으로 보이도록 하자.

강아지가 호기심을 보이기 시작한다면 관심을 자극하기 위해 잠깐 동안 그것을 붙들고 놀도록 내버려 둔다.

(2) 포인 훈련

우선 강아지를 달리게 만들어 지치게 하는 것이 이 훈련의 핵심이다. 날개에 관심을 보이기 시작한 개는 낚싯줄에 매달려 이리 저리 달아나는 날개를 보면 정신없이 쫓지만 날개를 잡을 수 없다는 사실을 깨달아야 한다.

마침내 뛰는 대신 걷게 되는 바로 그 순간이 강아지에게 첫 포인을 시킬 수 있는 절호의 기회다. 그 때 강아지에게 '멈춰' 라고 명령한다. 강아지는 여전히 뛰고 싶겠지만 '멈춰' 명령 때문에 움직일 수 없다. 이 때의 정지된 순간에 첫 포인이 이뤄진다.

❖ 훈련 48

강아지가 낚싯대에 매달린 새의 날개를 쫓도록 한다. 강아지가 날개를 잡지 못하도록 줄을 이리저리 잡아 당기면서 강아지가 지치도록 유도한다. 이 때 강아지가 새의 날개에 더욱 집착하도록 하는 게 중요하다.

❖ 훈련 49

날개를 쫓다 지친 강아지는 무작정 뛰는 것이 최선의 방법이 아니라는 사실을 깨달을 때까지 훈련을 계속한다.

❖ 훈련 50

강아지가 지쳐서 땅에 주저앉으면 날개를 땅에 내려 바로 앞에서 끌기 시작한다.

날개는 강아지의 관심을 자극해서 강아지가 마지막 힘을 다해 뛰도록 할 것이다.

❖ 훈련 51

그러나 강아지가 여전히 날개를 잡지 못하도록 한다. 마침내 강아지는 뛰는 전략을 바꿔 걸어가기 시작할 것이다.

지친 강아지 앞에서 날개를 끌어 다시 관심을 갖도록 유도한다.

여전히 날개에 대한 집착은 남아 있어야 한다. 잠시 후 걷고 있는 강아지에게 '멈춰' 라고 명령한다.

강아지는 여전히 날개를 잡고 싶은 욕망이 남아 있지만 '멈춰' 라는 명령어를 들었기 때문에 더 이상 움직일 수 없게 된다. 강아지의 무게 중심이 앞으로 약간 쏠려 있는 상태에서 멈출 수밖에 없다. 이 순간에 첫 포인이 이뤄진다.

(3) 포인자세의 교정

엽견의 포인에서는 무엇보다 자세가 중요하다.

낚싯대를 이용한 포인훈련에서 최초로 포인을 하게 된 강아지들

중에는 꼬리를 내리고 있는 강아지들이 있는가 하면 구부린 자세로 포인을 하는 강아지도 있다.

이제부터는 쉽게 강아지의 포인 자세를 바로잡아주는 방법을 소개한다.

〈훈련 51〉 단계에서 '멈춰' 명령을 듣고 포인하고 있는 강아지에게 다시 부드러운 목소리로 '멈춰'라고 명령한다.

'멈춰' 동작을 취하고 있을 때 꼬리를 세워주는 등 포인 자세를 교정해 준다.

여기서 '멈춰'라는 명령은 실제로 멈추라는 의미보다는, 시작할 테니 포인 자세를 유지하라는 의미가 더 강하다.

❖ 훈련 52

'멈춰' 명령을 해 개가 포인 자세를 유지하도록 한다. 포인을 하고 있는 개에게 다가가 몸을 앞으로 밀어 주면서 앞으로 무게 중심이 쏠리도록 자세를 바로잡아 준다.

이 때 새의 날개는 개 앞에 내려둬 개가 포인 자세를 유지할 수 있도록 한다.

❖ 훈련 53

꼬리를 잡고 개를 들어 올려 주면 개가 포인할 때 꼬리를 세워야 한다는 사실을 알게 된다.

❖ 훈련 54

개가 견고한 포인 자세를 취하도록 무릎으로 개를 밀어 본다.

개가 흔들리지 않는다면 포인 자세가 견고하게 유지되고 있는 것이다.

❖ 훈련 55

포인 자세가 바르게 갖춰지면 조용히 '멈춰' 라고 명령하고 마지막으로 자세를 점검한다.

(4) 포인 시간 조정

실렵에서 엽견이 포인을 시작하면 헌터가 접근할 때까지 기다려야 한다. 이 때 상당히 오랜 시간 동안 포인 자세를 유지해야 하는 경우도 있다.

이번에는 개의 포인 시간을 조절하는 법에 대하여 알아보도록 하자.

❖ 훈련 56

개가 포인 자세를 갖추면 '멈춰'라고 명령해서 개가 포인 자세를 유지하도록 하고, 개 앞에 새의 날개를 가만히 내려놓는다.

❖ 훈련 57

날개를 내려놓은 후 개가 여전히 포인을 하고 있는 상태에서 훈련사는 조용히 뒤로 물러난다. 아직 개가 훈련사를 의식하고 있으므로 처음에는 조금만 뒤로 물러난다.

개가 확인할 수 있도록 천천히 움직여야 한다. 개의 상태를 주시하며 개가 동요할 경우 '멈춰' 명령을 하면서 정지 상태를 유지하게 한다. 몇 차례 이 훈련을 반복하면서 개가 포인하는 시간을 늘려나간다.

이 훈련에 익숙해지면 나중에는 훈련사가 사라져도 개가 혼자서 포인을 할 수 있게 된다.

(5) '천천히'

실렵에서 새의 냄새를 인지하는 순간부터 개는 포인을 시작한다. 이 때부터 개는 신중하게 게임을 향해 접근해야 한다.

개가 흥분하면 게임은 개가 접근해오는 것을 눈치채고 도망치게 될 것이다. 여기서 실시할 '천천히' 훈련은 개가 게임을 향해 신중하게 접근하는 방법을 가르친다.

날카로운 목소리는 개의 행동에 그대로 전해지게 되므로 부드러운 목소리로 명령을 내린다. 여기서 개가 배워야 할 것은 '천천히'라는 명령어와 헌터가 새를 날리기 위해 개 앞에 올 때까지 포인자세를 유지해야 한다는 사실이다.

헌터가 포인을 하고 있는 개의 앞에 나가 게임을 날리고 사격을 해야 한다.

❖ 훈련 58

새의 날개를 최대한 멀리 내려두고 개가 포인을 시작하게 한다. 개에게 '천천히'라는 명령을 내리고 함께 날개를 향해 걸어간다.

❖ 훈련 59

개와 함께 걷는 동안 '천천히' 명령으로 개의 속도를 조절해 준다. 새의 날개에 근접하면 '멈춰'라고 명령한 후 훈련사가 개의 앞으로 나간다.

이때 개는 실렵에서 훈련사가 새를 날려 사격하기 위해 앞으로 나가는 과정을 이해하게 된다.

(6) 개에게 접근하기

실렵에서 헌터는 포인하고 있는 개의 뒤를 따라가다 개가 포인을 하면 개의 앞에 나가 게임을 날리고 사격을 해야 한다. 이 순간에 헌터는 다양한 방향으로부터 개에게 다가서는 데, 개는 계속 포인을 유지해야 한다. 이번에는 포인하고 있는 개의 주위를 돌면서 헌터가 어떤 방향에서 접근하더라도 개가 포인 자세를 유지할 수 있도록 해주는 훈련을 해본다.

❖ 훈련 60

마음먹은 대로 개가 포인을 할 수 있는 단계가 되었다면 이제부터는 헌터와 협력하는 법을 가르쳐야 한다.

먼저 '멈춰' 라고 명령한 후 포인 자세를 유지하고 있는 개의 주변을 돌아본다. 만약 개가 포인 자세를 풀려고 하면 그 때마다 '멈춰' 라고 명령한다. 훈련사가 어떤 방향에서 접근해도 개가 포인 자세를 흐트러뜨리지 않을 때까지 훈련을 실시한다.

(7) 걸음걸이 교정

개의 걸음걸이를 고쳐준다는 게 이상하게 들릴지 모르지만 적절한 통제 아래 이뤄지는 훈련 상황에서는 개의 걸음걸이도 훈련내용에 맞게 교정해 주는 것이 좋다.

이 단계에 이르면 이미 개는 포인하는 법을 익혔고 마음대로 포인을 할 수 있는 수준에 도달해 있다.

이제부터 어떤 상황에서도 움직이는 새를 신중하게 뒤따를 수 있는 방법을 개에게 훈련시켜 본다. 이 과정은 개에게 무엇인가를 가르친다기보다는 오히려 개의 본능을 일깨워 주는 훈련이다.

이 훈련을 시킬 때 낚싯줄에 매달린 새의 날개를 천천히 부드럽게 움직여 새를 뒤쫓는 개는 어떤 상황에서도 신중하게 움직여야 한다는 사실을 깨닫게 해야 한다.

개를 흥분시키지 않으려면 평소에 '천천히' 훈련을 철저히 시켜둬야 한다.

❖ 훈련 61

개가 포인을 하고 있을 순간 날개를 들어 개의 뒤로 옮긴다. 개는 자신이 서둘러도 날개를 잡을 수 없다는 사실을 잘 알고 있다. 따라서 날개의 위치가 바뀌어도 성급하게 움직이려 하지 않고 먼저 머리만 돌려 확인할 것이다.

❖ 훈련 62

바뀐 날개의 위치를 파악한 개는 어떻게 대처해야 할지 몰라 이상한 자세로 포인을 하게 된다.

❖ 훈련 63

마침내 개가 몸을 돌려 날개가 있는 곳으로 가려고 하면 '멈춰'라고 명령한다. 그런 다음 '천천히' 라고 명령하면 개는 신중하게 새의 날개를 향해 움직일 것이다.

(8) 회수

실렵에서 개의 회수 능력은 반드시 필요하다. 완벽한 포인, 정확한 사격, 총에 맞아 떨어지는 새. 모든 것이 완벽하다고 하더라도 게임을 잃어버리면 허사이다. 개가 부상당한 게임을 놓쳐도 마찬가지다.

개에게 회수 훈련을 시키는 방법은 다양하지만 본능적인 회수와, 인위적인 회수, 이렇게 두 가지로 구분해 볼 수 있다.

회수를 위해 전문적으로 육종된 리트리버에게는 본능적인 방법이 효과적이다. 새의 날개를 이용해 조렵견을 훈련시키듯, 리트리버 훈련사들은 훈련용 더미를 이용해 개의 회수 본능을 계발한다.

먼저 훈련사들은 더미를 손에 쥐고 개 앞에서 흔들어 대고 소리를 질러 개를 흥분시킨다. 그런 다음 가까운 거리에 더미를 던진다.

개가 더미를 쫓아가 물면 훈련사는 멀리 달아나면서 손뼉을 치고 개를 부른다.

그러면 개들은 더미를 입에 물고 훈련사를 쫓아오게 된다. 이 때 명령어를 섞어서 사용하면 개들이 훈련사가 원하는 내용을 이해하게 된다. 이 때 더미는 '낚싯대를 이용한 훈련법'의 새의 날개처럼 사용되고 있는 것이다.

그러나 조렵견의 본래 목적은 포인이며, 회수는 전천후 엽견으로 활동하기 위한 부수적인 목적에 불과하다. 조렵견에게 인위적으로 회수를 가르치는 데는 2가지 방법이 있다.

2가지 방법의 차이점은, 회수를 명령하는 강도의 차이에 있다. 처음에는 약한 강도의 명령으로 지시하다가 진전이 없으면 강도를 높인다.

가. 1단계 – 부드러운 강요

더미(회수훈련용품)를 던진 후 '가져와' 명령을 내렸을 때 개가 입으로 물고 오는 법을 가르친다. 이 때 양손으로 훈련사가 직접 개의 입을 벌려 더미를 물도록 한다.

더미를 익숙하게 물기 시작하면 회수훈련을 시작한다. 처음에는 짧은 거리에서 훈련하면서 점차 거리를 넓혀가도록 한다. 1단계 방법으로 회수를 가르칠 수 없다면 2단계로 넘어간다.

❖ 훈련 64

개의 아랫 턱을 잡고 입을 벌린 후 더미를 물게 하고 '가져와' 명령을 내린다.

처음에는 개가 순순히 입을 벌리려 하지 않으므로 훈련사가 입을 벌린 후 더미를 물게 해야 한다. 이 과정에서 오랜 시간이 소요될 수 있다.

❖ 훈련 65

개가 자연스럽게 입을 벌리게 되면 더미를 꽉 물도록 입을 닫아 주고 '물어' 명령을 내린다. '물어' 명령과 '가져와' 명령을 병행해서 시키도록 한다.

❖ 훈련 66

개가 명령어를 어느 정도 익혔다고 생각되면 개의 앞으로 몇 걸음 걸어간 후 '가져와' 명령을 내려 개가 더미를 운반하도록 한다.

❖ 훈련 67

개가 '가져와' 명령에 익숙해지면 더미를 조금 더 먼 거리로 던진 후 다음 명령에 대비할 수 있도록 잠시 여유를 가진 뒤 더미를 가리키며 '가져와' 라고 명령한다. 그다음 더미의 거리를 점점 더 늘려 가면서 회수 시킨다.

나. 2단계 - 강하게 강요하기

손으로 입을 열 수 없다면, 초크 칼라를 사용하도록 한다. 먼저 개에게 초크 칼라를 맨 후 목을 꽉 조이면서 '물어' 명령을 내린다. 초크칼라가 목을 조이면 개는 답답해서 입을 열게 된다.

이 때 더미를 입에 물리고 초크 칼라를 느슨하게 풀어 준다. 더미를 물면 과도할 정도로 칭찬을 해주고 쓰다듬어 준다.

초크 칼라를 사용하는 방법은 개에게 고통을 주게 되므로 이틀 정도만 이 훈련을 실시하도록 한다.

만약 초크칼라 훈련을 실시한 후에도 회수를 주저한다면 이 때는 초크 칼라를 다시 보여 주기만 한다.

초크 칼라를 본 개들은 지난 기억을 떠올리며 다시 회수를 시작할 것이다.

❖ 훈련 68

개의 목에 초크 칼라를 맨 후 다리가 땅에서 떨어질 정도로 잡아당기며 '물어' 라고 명령한다. 개는 숨을 쉴 수가 없으므로 입을 크게 벌릴 것이다.

❖ 훈련 69

그래도 개가 더미를 물려 하지 않는다면 초크 칼라를 발로 밟으면서 더미가 있는 곳까지 잡아당겨 개가 끌려오도록 한다.

❖ 훈련 70

더미가 놓여 있는 곳까지 끌려온 개에게 '물어' 라고 명령한다. 고통스러워하던 개가 마침내 더미를 물면 초크 칼라를 풀어 준다. 개가 더미를 잘 물게 될 때까지 이 과정을 몇 차례 더 반복한다.

다. 반복훈련

회수 훈련을 시키는 동안 머리를 잘 써야 하고 개의 페이스를 적당하게 조절해야 한다. 훈련과정에서 단호하게 명령을 내리지만 개가 성공하면 칭찬을 아끼지 말아야 한다.

회수 훈련에서는 다소 고통이 따르기 때문에 처음에는 개가 약간 겁을 먹겠지만 칭찬을 받으면 점점 더 주인을 기쁘게 하려는 개의 욕망이 나타날 것이다.

훈련과 칭찬을 몇 차례 되풀이하면 개가 점점 더 익숙해져서 마침내 훈련을 즐기게 된다. 이 때부터는 훈련사의 옆에 앉아서 명령이 떨어질 때까지 대기하다가 더미를 회수해올 것이다. 회수 훈련에 익숙해지면 평상시에도 '앉아', '멈춰' 명령을 내린 후에 코 앞에 손을 올려 수신호를 보낸 후 '가져와' 라고 명령해 본다.

'가져와' 명령의 수신호는 회수할 물건이 있는 지점을 손가락으로 가리키는 것이다. 실렵에서는 회수 명령을 내리기 전에 '앉아', '멈춰' 라는 명령을 하지 않겠지만, 가정에서는 사전에 준비 자세를 갖추도록 하는게 필요하다.

❖ **훈련 71**

개가 회수에 익숙해지면 가정에서도 종종 게임처럼 회수 훈련을 반복해 본다. 이 때는 먼저 '앉아', '멈춰' 명령을 내린 다음에 더미를 던진다.

개에게 회수 명령을 내릴 때는 '가져와' 명령을 몇 차례 반복해서 개가 회수를 꼭 해야 한다는 의무감을 느끼도록 유도한다.

이런 과정은 실렵에서 게임이 떨어진 지점을 확인하지 못할 경우에 도움이 된다.

라. 물어

개가 더미를 물면 '이리와' 명령을 내려 개가 돌아오도록 하는데, 회수를 마친 개가 훈련사에게 더미를 건네지 않고 땅에 떨어뜨린다면 '물어' 라는 명령어를 사용해 바로잡아 준다.

마. 놔

개가 회수해 온 게임을 헌터에게 건네는 일도 개의 본능과 일치하지는 않는다. 따라서 회수 훈련의 마지막 단계로 '놔' 를 가르친다. 개는 게임을 훈련사에게 건네는 경험을 통해 회수가 헌터를 위해 자신이 해야 할 임무라는 사실을 자각하게 된다.

게임을 회수해 돌아온 개의 코 앞에 손가락을 튕기면서 '놔' 라고 명령한다.

❖ 훈련 72

개가 더미를 회수해서 돌아오면 '놔' 명령을 반복하며 가운데 손가락을 굽혔다가 튕기는 수신호를 반복해 준다.

바. 집에서의 회수훈련

집안에서의 회수 훈련도 매우 유익하다. 개가 주인의 주의를 끌려고 접근해 오는 순간 회수 훈련에서 익혔던 몇 가지 명령어들을 게임처럼 사용해 볼 수 있다.

❖ 훈련 73

집안에서 사용하는 물건들을 물어오게 함으로써 개들은 실렵에서 게임을 부드럽게 다루는 법을 배우게 된다.

(9) 수중 회수

물 가까이 사는 개들이 오리처럼 물에 자유자재로 들어가는 것을 보면 개들이 본능적으로 수영을 잘 한다는 사실을 알 수 있다.

그런데 일부 조렵견의 경우 혼자 수영해 본 경험이 없기 때문에 물에 들어가길 꺼려하는 경우가 있다.

전천후 엽견은 반드시 수중 회수도 할 수 있어야 하므로 낚싯대와 날개를 이용한 수중회수 훈련법을 소개한다.

❖ 훈련 74

먼저 낚싯대와 날개를 개에게 보여 주고 날개를 강물 안쪽으로 던진다. 이 때 훈련사가 먼저 무릎 정도 깊이의 물에 들어가서 훈련을 시키는 방법이 효과적이다.

❖ 훈련 75

수중훈련을 시킬 때 훈련사가 먼저 물에 들어가야 한다.

날개에 관심을 보인 개가 물 속으로 뛰어들어 날개를 뒤쫓는다. 날개를 잡기 위해 개가 헤엄치기 시작할 것이다. 이 훈련을 몇 차례 반복하고 나면 더 이상 개가 물을 싫어하지 않게 된다. 어느 정도 익숙해지면 수심이 깊은 곳으로 개를 데려가 본다.

❖ 훈련 76

낚싯대와 날개를 치우고 더미를 사용한다. 더미를 물 위에 던져 넣으면 개가 물에 뛰어들어가 더미를 회수해 올 것이다.

(10) 총성공포증
가. 기초훈련

총성공포증에 대해선 다양한 논의가 있지만 실제보다 과장돼 있는 경우가 많다.

실제로 총성공포증을 가지고 있는 개들은 많지 않을 뿐 아니라,

훈련부족이 원인인 경우가 대부분이다. 따라서 적당한 훈련을 통해 총성공포증을 예방할 수 있다.

우리는 앞에서 강아지가 기초 훈련법에서 짜증을 견디는 법에 대해 이야기 한 적이 있다.

정상적으로 훈련받은 개들이라면 총소리도 또 하나의 짜증스러운 사건에 불과하다.

강아지가 먹이를 먹고 있을 때 총을 발사해 보자. 강아지는 행복하게 식사하고 있으므로 총소리를 나쁜 것과 결부시키려고 하지 않을 것이다.

❖ 훈련 77

개가 식사를 하는 동안 총을 발사하면 개는 총소리를 귀찮은 것쯤으로 생각하며 먹이를 먹는 데만 열중할 것이다.

❖ 훈련 78

개가 먹이를 먹으면서 총성에 별다른 반응을 보이지 않았다면 실제로 총성이 발생하는 순간을 개에게 체험시켜 본다.

먼저 포인 훈련에서 '천천히' 라는 명령어를 사용하던 순간으로 되돌아가 보자. 날개에 접근하는 개에게 '멈춰' 라고 명령한다. 그리고 나서 개의 앞으로 나가 총을 쏴 본다.

이미 개가 포인을 즐기는 수준이므로 총성에 개의치 않고 계속 포인에만 열중할 것이다. 다만 무의식중에 총성이 포인과 관계 있다는 사실을 깨닫게 될 것이다.

나. 총소리 훈련

강아지에게 언제 총소리 훈련을 시킬 것인가에 대해서도 많은 논란이 있어 왔다. 이 훈련법에서는 다른 모든 훈련이 마무리되는 시점에서 엽총을 소개하도록 한다. 엽총 소개 훈련은 훈련사 외에 몇 사람의 도움이 필요하다.

우선 여러 사람이 번갈아 가며 사격을 하고 있을 때 처음에는 개가 먼 거리에서 사격하는 모습을 지켜보도록 하자.

어느 정도 총소리에 익숙해졌다고 생각되면 개를 데리고 사격하는 사람들에게 점점 더 접근해 간다. 이때 개의 반응을 꼼꼼히 체크하면서 접근해야 한다.

개가 총성을 싫어하는 반감을 줄이기 위해 사격하는 사람들 중에 개가 잘 아는 사람이 포함돼 있으면 더 효과적이다.

❖ **훈련 79**

훈련사와 개가 사격하는 장소에 접근하고 있을 때 평소 개와 가장 잘 아는 사람이 다가와 개를 안심시키도록 한다.

❖ 훈련 80

훈련사와 함께 사격하는 사람들 주변으로 개를 데리고 간다. 그리고 그 사람이 다시 총을 쏘고 돌아와 개를 지키고 있는 동안 훈련사가 총을 들고 사격한다. 그러면 개는 총소리를 겁내기는커녕 클레이를 회수하고 싶은 본능에 사로잡힐 것이다.

(11) 동조포인

가. 기본훈련

다른 사냥개를 존중할 수 있는 능력(일명, 동조 포인)은 실렵에서 여러 마리의 사냥개가 팀을 이뤄 사냥할 때 필수적으로 요구되는 사항이다.

동조 포인은 훈련을 통해 미리 익힐 수 있는데 반드시 뛰어난 실력을 가진 사냥개와 함께 훈련을 시키는 게 좋다.

잘못된 습관을 가지고 있는 개와 훈련을 하면 그 습관을 배울 수 있기 때문이다. 먼저 다른 개가 포인을 하고 있을 때 뒤따르던 개에게는 '멈춰' 명령을 내린다.

개가 포인을 하고 있는 동안 뒤의 개에게 명령어가 필요없을 때까지 몇 차례 멈추는 훈련을 반복한다.

동조 포인은 기본적으로 냄새를 향한 포인(scent pointing)이 아니라 시각을 활용한 포인(sight pointing)이다. 개가 동조 포인을 제대로 해내지 못한다면 개줄을 활용해 볼 수도 있다.

두 마리의 엽견들이 동조포인을 하고 있는 모습

❖ 훈련 81

앞에 가는 개가 포인을 하면 뒤따르는 개에게 '멈춰'라고 명령한다.

❖ 훈련 82

뒤에 따르는 개가 포인을 하지 않는다면 먼저 앞의 개만 포인을 하도록 한 후 뒤따르는 개는 앞 개의 포인하는 모습을 지켜보게 하면서 '멈춰' 명령을 내린다.

❖ 훈련 83

앞의 개가 포인하고 있을 때 뒤따르는 개가 '멈춰'와 함께 포인을 할 때까지 이 과정을 몇 차례 되풀이 해 동조 포인에 익숙해지게 한다.

나. 엽장에서의 동조포인

❖ 훈련 84

앞의 개가 포인을 하고 있을 때 뒷개를 줄에 맨 상태로 접근시켜 포인 장면을 보게 한다.

❖ 훈련 85

뒷개를 앞의 개 바로 뒤로 데려가 '멈춰' 명령을 내려 함께 포인 자세를 갖추도록 한다.

❖ 훈련 86

뒷개를 들어서 몇 걸음 뒤로 물러나 내려놓는다. 이 때 개는 들린 상태에서도 여전히 포인상태를 유지하고 있을 것이다. 포인 자세가 풀릴 것 같으면 미리 '멈춰' 명령을 한다.

❖ 훈련 87

뒷 개가 포인에 집중하고 있다면 몸을 민다고 해도 앞의 개에게 접근하려하지 않을 것이다. 다만, 앞으로 쏠려 더욱 안정된 포인 자세를 취하게 된다.

5. 훈련의 마무리

(1) 헌터에 대한 예의

헌터가 총을 발사할 때까지 사냥개가 멈춰 있어야 하는지, 아니면 게임이 떨어질 때까지 멈춰 있어야 하는지에 대해서도 많은 논란이 있어 왔다.

대체로 총을 쏠 때까지 헌터의 곁에 머문 이후에는 회수를 위해 뛰어가야 한다는 주장이 설득력을 얻고 있다.

(2) 충분한 휴식

이제 모든 준비가 끝났다면 엽장으로 나가도록 하자. 엽장에 나가면 개를 완전히 통제에서 벗어나게 할 수 없지만 어느 정도는 모든 것을 맡기도록 하자.

개들은 처음에는 실수를 되풀이할 것이다. 첫 출렵에서 60% 정도만 포인해도 성공적이라고 평가할 수 있다.

첫 출렵에서 명령에 불복종 한다든지, 새를 놓친다든지 하는 사소한 실수들은 이해하고 넘어가도록 하자. 낚싯대와 날개로만 훈련을 받은 개가 실렵에 나와서 혼란을 느끼는 것은 당연하기 때문이다.

마지막으로 유의할 점은, 개에게 충분한 휴식을 취하도록 해야 한다는 것이다.

IV 엽견의 종류

엽견의 분류

조렵견

수렵견

IV 엽견의 종류

① 엽견의 분류

이 책에서는 미국애견클럽(AKC ; American Kennel Club)
과 국제 축견연맹 FCI(The Federation Cynologique
Internationale)의 분류를 따르도록 한다.

AKC는 1884년에 설립된 비영리단체로 2002년 현재 약 98만
5천 마리의 애견이 등록돼 있는 세계 최대의 애견클럽이다.

순혈 견종의 등록, 애견테스트의 인가, 혈통서 발행 등의 사업을
수행하고 있다.

FCI는 순혈 견종을 보호하고 장려하기 위해 1911년 5월 독일,
오스트리아, 벨기에, 프랑스, 네델란드가 공동으로 창립한 국제 애
견기구이다. 현재 79개국의 애견협회가 참여하고 있다.

이 기구에 견종을 등록시키기 위해 원산지 국가들은 FCI 과학
위원회와 공동으로 표준을 확립해야 한다.

FCI의 회원국들은 애견쇼를 개최하면 그 결과를 반드시 FCI에

보고하도록 하고 있다. 우리 나라는 1989년에 정식회원국(한국애견연맹)으로 가입했다.

두 단체의 견종등록 현황을 보면 AKC가 150종, FCI가 331종으로 FCI가 더 많은 편이다.

FCI가 AKC에 비해 비교적 개방적이기 때문으로, 분류 기준도 독일, 프랑스 등이 중심이 된 FCI와 영국과 미국이 중심이 된 AKC 사이에 차이가 있다.

(1) AKC

AKC는 애견을 150종으로 분류해 등록하고 있으며, 각 견종은 원래 개발됐던 용도를 기초로 하여 8그룹으로 재분류된다.

8개의 그룹은 ▲ 스포팅 그룹(Sporting Group) ▲ 하운드 그룹(Hound Group) ▲ 워킹 그룹(Working Group) ▲ 테리어 그룹(Terrior Group) ▲ 토이 그룹(Toy Group) ▲ 논-스포팅 그룹(Non-Sporting Group) ▲ 허딩 그룹(Herding Group) ▲ 기타(Miscellaneous)로 구성돼 있다. AKC에 등록되는 견종의 특징은 AKC가 자체개발한 매뉴얼(AKC's Stud Book)에 수록돼 있으며 같은 견종이라도 이종 교배나 변이로 나타난 견종은 등록될 수 없다. 이 가운데 조렵견이 속해 있는 그룹은 스포팅 그룹이다.

스포팅 그룹에 속한 견종의 특징은 활동적이며 민첩하다는 공통점 외에도, 인간과의 친화력이 매우 뛰어나다는 점이다. 이 그룹에는 포인터, 리트리버, 셋터, 스파니엘 등이 포함돼 있고 물, 숲에서의 활동력이 우수하다.

멧돼지를 추적하는 수렵견(獸獵犬)이 속해 있는 그룹은 하운드 그룹과 테리어 그룹이다.

⑵ FCI

FCI는 331종의 견종을 ▲ 경계견 그룹(Sheepdogs and Cattle Dogs-except Swiss Cattle Dogs) ▲ 핀처 · 슈나우저 그룹(Pinscher and Schauzer-Molossoid breeds-Swiss Mountain and Cattle Dogs and other breeds) ▲ 테리어 그룹(Terrier), 닥스훈트 그룹(Dachshund) ▲ 스피츠 그룹(Spitz and primitive types) ▲ 후각하운드 그룹(Scenthounds and related breeds) ▲ 포인팅독 그룹(Pointing dog) ▲ 리트리버 그룹(Retrievers-Flushing Dogs-Water Dogs) ▲ 애완견 그룹(Companion and Toy Dogs) ▲ 시각하운드(Sighthounds) 그룹으로 분류하고 있다.

이 가운데 조렵견은 포인팅독 그룹에, 수렵견은 후각하운드 그룹, 시각하운드 그룹, 테리어 그룹, 스피츠 그룹 등에 포함돼 있다. AKC에 비해 등록된 견종수가 많고 표준이 비교적 덜 엄격한 편이다.

② 조렵견

대체로 1930년대 이후에 조렵견의 형질이 고정된 것으로 보여진다. 이후부터 새로운 견종의 개발보다 기왕에 고정된 조렵견종이 복잡해진 헌터의 욕구에 따라 다양하게 발전되기 시작했다.

조렵견을 구분하는 방법은 견종별 구분법과 기능별 구분법이 동시에 사용되고 있다.

어느 구별법이 옳다고 말하긴 어려우므로 헌터들이 이해하기 쉬운 구분법을 활용하면 된다.

견종별 구분법에서는 현재 세계에서 번식, 개량되어온 조렵견의 종류는 대략 60여 종에 이르는 것으로 파악되고 있다.

기본적으로 활용되는 구분법이지만 엽견의 기능을 이해하기 힘든 단점이 있다.

세계적으로 인정하고 널리 사용되는 종류를 꼽아 보면 크게 영국 포인터(English Pointer), 독일 포인터(German Ponter), 잉글리쉬 셋터(Setter), 브리타니(Brittany)그룹으로 나눌 수 있으며 그 외에 인기있는 견종으로 독일 와이어헤이드 포인터(German Wirehaired Pointer), 헝가리의 비즐라(Bizsla), 미국의 광활한 초지에서 활약하고 있는 스프링거 스파니엘(Springer Spnaiel) 등이 있다.

기능별 방법은 게임의 위치를 지시해주는 포인팅 독(Pointing Dog), 게임을 찾아서 날려주는 플러싱 독(Flushing Dog), 게임을 찾기도 하지만 찾아서 날리거나 운반을 전문으로 하는 리트리빙 독(Retrieving Dog)으로 분류하는 방법이다.

포인팅 독에는 포인터, 셋터, 브리타니, 와이마라너, 비즐라 등이 포함되고 플러싱 독에는 스프링거 스파니엘, 코커 스파니엘 등이 리트리빙 독에는 라브라도 리트리버, 골든 리트리버 등이 포함된다.

1. 영국 포인터 (English Pointer)

· 원산지 : 영국

· 용도 : 조류 (특히 꿩 사냥에 적합)

· 출현시기 : 1600년대

· 키 : 63~69cm

· 체중 : 20~30kg

· 성격 : 책임감 있고 명랑함

■ 역사

영국 포인터는 1650년 무렵 영국에서 출현했으며, 스페인 계통의 포인터에 하운드 혈통이 가미됐다. 원래 이 개가 토끼를 발견하면 그레이하운드가 추적해 토끼를 잡는 방식이 활용됐다.

이후 18세기경 셋터계의 견종과 교배하여 오늘날의 형태로 고정됐다.

생후 2달부터 사냥 본능을 깨우치기 시작하고 아이들과 잘 어울리지만 활동이 왕성해 좁은 공간에서 키우기 어렵다.

우리나라에서 '영포'라고도 불리는 종이며 '아크라이트(Arkwright)', '곤발이' 등도 포인터의 일종이다. AKC에는 스포팅 그룹에, FCI에는 포인팅독 그룹에 포함돼 있다.

■ 특징

좌우대칭형이며 일반적인 외형이 우아한 곡선을 그리고 있다. 특히 강하면서도 부드러운 외형을 보여 준다.

귀족적이며 힘과 인내심, 속도가 뛰어나고 민첩하다.

두개골은 중간 크기이며 후두부가 돌출해 있다. 앞 이마와 코뼈 사이의 각도가 매우 뚜렷한 편이다.

코의 색깔은 검은색이지만 레몬색 포인터의 경우 한결 밝은 색이다. 콧구멍은 넓고 부드러우며 축축하다. 주둥이는 다소 오목하며 콧구멍까지 이어진다. 눈 아래가 약간 함몰돼 있다.

잘 발달된 입술은 부드럽고 턱이 매우 강하다. 입을 다물면 윗이빨이 아랫 이빨을 덮으며 사각형 모양의 턱을 이룬다. 뺨의 뼈는 돌출하지 않는다.

눈은 콧구멍과 후두부의 중간에 위치해 있다. 털의 색깔에 따라 엷은 갈색을 띠기도 하고 진한 갈색을 띠기도 한다.

눈 가장자리는 어두운 편이지만 레몬색에 하얀 반점이 있는 개의 경우는 밝은 편이다. 귀는 얇고 머리 가까이 높게 매달려 있다. 중간 정도의 길이이고 끝이 약간 뾰족하다.

목은 길고 근육이 발달돼 있고 아치 모양을 이루며 어깨에서 솟아 있다. 목에 주름이 없다.

허리는 강한 근육질이고 약간 아치 모양을 이루고 있으며 짧은 편이다. 가슴은 넓고 앞다리 관절까지 닿는다. 늑골은 잘 부풀어 올라 있으며 허리까지 이어진다.

꼬리는 중간 정도이며 아래가 두껍지만 끝으로 갈수록 가늘어진다. 촘촘하게 털이 박혀 있으며 등과 평행을 이루거나 20도 이상 높이 올라가지 않는다. 말려지지 않으며 이동중에는 꼬리를 좌우로 휘두른다.

■ 털

직모의 털은 짧고 무성하지만 부드럽고 윤이 난다. 털의 색깔은 레몬색 바탕에 하얀 반점, 오렌지색 바탕에 하얀 반점이나 다갈색 바탕에 하얀 반점, 혹은 검은 바탕에 하얀 반점 등 다양하다.

단일 색상이나 3가지 색상도 허용된다. AKC에서는 3가지 색상은 금지된다.

2. 저먼숏헤어드포인터

· 원산지 : 독일

· 용도 : 전천후 조렵견

· 출현시기 : 1700년대

· 키 : 59~66cm

· 체중 : 20~28kg

· 성격 : 인내력이 강하고 활발함

■ 기원

숏헤어드 포인터의 역사는 조류를 사냥하는 데 이용된 중세시대 매사냥 개로부터 비롯된다.

프랑스, 스페인, 벨기에의 플랑드르를 경유해 독일로 들어오게 된 이 개는 포인에 능했다. 이후 1750년경에 쌍대엽총이 개발되면서 포인팅 독에 대한 수요가 폭발적으로 늘어났는데, 단순한 포인터에서 전천후 총렵견(gundog)으로 발전이 이뤄졌다.

이때 전천후 조렵견으로 발전된 숏헤어드 포인터는 현재 엄격한 절차와 심사를 통해 분양되고 있다.

표준은 독일 숏헤어드포인팅독협회에서 제정되며 개의 성장단계별로 사냥에 필요한 요구들을 충족시켜 주고 있다. 국내에서 '독포'라고 불리우며 가장 인기 있는 조렵견 가운데 하나다.

AKC에서는 스포팅그룹에, FCI에서는 포인팅독 그룹에 포함된다.

■ 특징

품위있고 균형이 잘 잡힌 숏헤어드 포인터는 힘과 인내력, 스피드를 겸비하고 있다.

자신있는 태도, 부드러운 체형, 마른 듯한 머리, 단단한 피부, 끊임없이 흔드는 꼬리 등은 당당한 체질을 상징한다.

몸의 길이는 키보다 약간 길다. 머리는 야윈 편이고 형태가 뚜렷하다.

크기는 성별과 체형에 비례한다. 두개골은 넓은 편이고 둥근 모양이며 후두부가 돌출하지 않았다.

이마와 코뼈가 이루는 각도는 영국 포인터만큼 뚜렷하지 않지만 눈 위가 솟아 뚜렷하게 구별된다.

코는 다소 돌출돼 있으며 콧구멍은 넓다. 코 색깔은 기본적으로 갈색이지만 털색이 검정색이나 검회색을 띤 종의 경우 검은색이다.

주둥이는 길고 넓으며 게임을 물어올 수 있을 만큼 강하고 깊다. 옆에서 보면 코뼈가 약간 굽어져 보이는데, 수캐에서 더욱 뚜렷하게 나타난다.

완전히 직선인 코뼈도 허용되지만 선호되지는 않으며, 오목한 코뼈는 심각한 결점이 된다.

입술은 너무 처져 있지 않아야 하며 색깔이 뚜렷해야 한다.

윗 입술은 아랫 입술과 거의 수평이다. 평평한 아치 모양을 이루며 양쪽 끝이 약간 돌출돼 있다. 윗 이빨과 아랫 이빨이 빈틈없이 맞물려야 하며 이빨의 수는 42개다. 뺨은 강하고 근육질이다.

중간 크기의 눈은 튀어나오거나 들어가서는 안 되고 이상적인 색깔은 짙은 갈색이다. 눈꺼풀은 눈이 감겼을 때 안구를 완전히 덮어야 한다.

긴 편에 속하는 귀는 높게 매달려 있고 넓고 평평하지만 머리 근처에서 접히면 안 된다.

귀 끝은 둥근 모양이고 얼굴 앞으로 오게 될 경우 입술에 닿을락 말락 해야 한다.

목의 길이는 개의 체형과 조화를 이뤄야 하며 몸쪽으로 갈수록 두터워진다.

목덜미는 근육질이며 위로 갈수록 가늘어진다.

■ 털

피부는 주름이 없고 탄력적이며 털은 짧고 속털은 촘촘하다. 다만 거친 편이며 머리와 귀의 털은 더 가늘고 짧다.

꼬리 아래의 털은 지나치게 길지 않다.

색깔은 몸 전체가 갈색이거나 가슴과 다리에 하얀 반점이 있는 회갈색을 띤다.

수렵용으로 갈색과 하얀색이 섞인 종도 있다(화이트독포 – AKC 에서 인정하지 않음)

■ 부적격견(보통)

· 특유의 성격을 가지지 못한 개

· 지나치게 주둥이가 짧은 종

· 윗 입술이 너무 처졌거나 얇은 개체

· 눈이 너무 밝고 색깔이 노란색인 개

· 귀가 너무 길거나 짧은 개, 귀에 살이 많이 붙은 개, 귀가 구부 러진 개

· 목덜미에 주름이 있는 종

· 엉덩이가 너무 짧은 종

· 가슴이 너무 처진 개

· 꼬리가 등 위로 너무 높게 올라오거나 구부러진 개

■ 심각한 부적격견

· 조잡한 체형

· 이마와 코뼈 사이의 각도가 너무 큰 종

· 코뼈가 오목한 개

· 지나치게 부풀어 올랐거나 굽은 등

· 가슴이 깊지 않거나 덜 발달한 개

· 발목이 수직인 종

3. 독일 와이어헤어드 포인터

(Greman Wire-haired Pointer)

· 원산지 : 독일

· 용도 : 조류사냥

· 출현시기 : 1800년대

· 키 : 56~66cm

· 체중 : 20~34kg

· 성격 : 활동적이고 책임감이 강함

■ 기원

와이어헤어드 포인터는 19세기 말에 그리폰, 스티셀하르, 푸델 포인터, 저먼 숏헤어드 견종의 혈통이 가미돼 개발됐다.

푸델포인터는 푸들과 잉글리쉬 포인터의 교잡이다.

그리폰과 스티셀하르는 포인터, 폭스하운드, 푸델포인터, 폴란드 워터독의 혈통이 혼합돼 있다. 이 견종들의 특성이 와이어헤어드 포인터로 이어졌다.

와이어헤어드 포인터의 털은 추위를 막아 주기도 하지만 방수 효과를 제공하기도 한다.

모양새는 직모이며, 무성하고 거친 편이다. 최대 2인치에 달하는 털은 수풀에서 몸을 보호하지만 몸 전체를 덮을 만큼 길지는 못하다.

이 종은 1920년대에 미국에 수입돼 1959년 AKC에 등록됐다.

■ 특징

저먼 와이어헤어드 포인터는 근육이 잘 발달한 중간 사이즈의 개로 특이한 외형을 가지고 있다.

균형잡힌 몸매에 인내심이 강하다. 가장 큰 특징은 긴 털과 얼굴 생김새로, 추위에도 강하다.

포인터의 특성을 이어받아 똑똑하고 힘이 넘치는 수렵견이기도 하다. 머리는 비교적 긴 편이다.

눈은 중간 크기이며 갈색이다. 타원형이며 중간 크기의 눈썹과 함께 밝고 선명하게 빛난다.

귀는 둥글지만 너무 넓지 않고 머리 가까이에 붙어 있다.

두개골은 넓고 후두부는 지나치게 돌출되지 않았다. 이마와 코뼈 사이의 각도는 중간 정도이고, 반듯한 코뼈 아래에 있는 주둥이는 꽤 긴 편으로 위 아래가 평행을 이루고 있다.

코는 짙은 갈색으로 콧구멍이 넓게 열려 있다.

입술은 약간 늘어졌지만 턱에 바짝 붙어 있고 수염이 나 있다. 턱은 단단하게 맞물려 있다.

■ 털

거친 털은 이 개의 가장 큰 특징이다. 이 개의 털은 반드시 동일한 타입으로 나 있어야 한다. 털은 추위를 막아주고 어느 정도 방수효과를 제공한다.

속털도 무성하여 겨울에는 추위를 막아 주지만 여름에는 가늘어져 거의 보이지 않는다. 외부의 털은 직모이고 무성하며 거칠다.

길이는 2.5~5㎝ 정도다. 외부 털은 거친 수풀에서 피부 보호 역할을 한다. 그러나 개의 체형을 감춰줄 만큼 길지는 못하다.

다리 아랫부분의 털은 짧고, 특히 발가락 사이의 털은 매우 부드럽다. 입 주변의 털과 어깨와 꼬리 주변의 털은 매우 무성하고 길다. 눈썹은 강하고 반듯한 털로 이뤄져 있다.

수염과 구레나룻은 중간 정도 길이다.

적갈색 개의 털은 적갈색과 하얀색의 혼합인 개보다 더 짧다.

또한 나이가 들어갈수록 털이 길어지고 강아지의 털은 성견에 비해 훨씬 짧다.

색깔은 적갈색과 하얀색의 혼합이며 종종 적갈색 바탕에 하얀색 반점이 나타나는 개도 있다. 머리는 갈색이지만 하얀색이 섞여 있고 귀는 적갈색이다.

4. 잉글리쉬 셋터
(English Setter)

· 원산지 : 영국

· 용도 : 조류사냥

· 출현시기 : 1800년대

· 키 : 61~69cm

· 체중 : 25~30kg

· 성격 : 책임감이 강하고 친절함

■ 기원

고대 세팅 스파니엘이 이 종의 조상으로 추정된다. 오늘날의 잉글리쉬 셋터는 영국의 에드워드 래버랙(Edward Laverack)에 의해 1825년부터 육종됐다.

셋터(Setter)라는 이름은 '개들이 게임을 발견한 후 자리에 앉는다(set or sit)'라는 의미에서 유래됐다.

미국에 상륙한 이후 수렵견으로서의 능력과 아름다움으로 인해 널리 사랑을 받고 있다.

■ 특징

튼튼하며 좌우대칭을 이룬 수렵견으로 체력과 힘, 우아함, 멋진 스타일을 겸비하고 있다.

수캐는 천박하지 않은 남성미를 갖춰야 하고 암캐는 과장없는 여성미를 갖춰야 한다.

전체적인 외형, 균형, 걸음걸이가 특히 중요하다.

머리의 크기는 몸과 조화를 이뤄야 한다. 선이 뚜렷하며 길고 야윈 모양이다. 옆에서 보면 머리의 각 끝이 평행을 이루고 있다.

두개골은 위에서 보면 타원형이며 폭은 중간 정도이다. 후두부가 약간 솟아 있고 전체 길이는 주둥이의 길이와 엇비슷하다. 주둥이는 옆에서 보면 길고 사각형을 이루고 있다. 폭은 두개골과 비슷하다.

코는 검정색이거나 짙은 갈색이다. 콧구멍은 크고 넓게 벌어져 있다.

눈은 짙은 갈색이고 짙을수록 좋다. 모양은 둥글고 크지만 깊게 박혀 있지 않다.

귀는 낮게 붙어 있으며 눈보다 더 낮을 때도 있다. 쉬고 있을 때의 귀는 머리에 붙기도 하고 길이가 적당하며 끝은 둥글다. 가죽은 얇고 부드러운 털로 덮여 있다.

■ 털

털은 직모이고 귀와 가슴, 다리의 뒷편, 복부, 꼬리의 털이 특히 길다. 하얀 바탕색은 더 어두운 털들과 혼합돼 뚜렷히 구분되는 반점과 그렇지 못한 반점이 다양하게 섞여 있다.

몸 전체에 반점이 있는 종이 선호되지만 너무 많은 반점은 바람
직스럽지 않다.

색깔은 흰바탕에 검은색 또는 레몬색이나 파란색, 오렌지색의
얼룩무늬가 있으며 3가지 색으로 구분된다.

5. 고든 셋터
(Gordon Setter)

· 원산지 : 영국

· 용도 : 회수견

· 출현시기 : 1600년대

· 키 : 62~66cm

· 체중 : 25~30kg

· 성격 : 복종적이며 고귀함

■ 기원

1600년대에 스코트랜드에서 개발됐으며 1700년말부터 영국
전역에서 유행하기 시작했다.

후각능력이 뛰어나서 일찍부터 조렵견으로 활용된 이 견종은 후
각을 이용해 새를 발견하고 땅에 떨어진 개를 회수하는 능력이 가
지고 있다. 타고난 성실성과 높은 지능을 갖추고 있으며 수중사냥
에도 능한 전천후 조렵견이다.

■ 특징

좌우대칭의 체형을 갖춘 우아한 조렵견으로, 머리가 넓은 편이다. 후두부에서 눈 아래 각도까지의 거리가 코끝까지의 거리보다 길다. 두개골은 약간 둥근 모양이며 두 귀 사이가 가장 넓다.

눈 아래의 각도는 뚜렷하게 꺾여 있다.

코는 높고 넓으며 콧구멍은 검정색을 띤다. 주둥이는 길고 거의 평행을 이룬다. 윗입술은 늘어지지 않으며 입술선이 분명하다.

눈은 짙은 갈색이고 빛이 난다. 귀는 중간 크기이고 얇은 편이며, 이마 아래에 위치해서 날카로운 느낌을 준다.

목은 길고 가는 편으로 아치 모양을 이루고 있다.

몸은 중간 정도 길이이고 허리는 넓고 약간 아치 모양을 이룬다. 가슴은 너무 넓지 않고 깊은 편이다. 꼬리는 직선이거나 약간 굽은 모양이며 뒷다리의 관절에 약간 못 미친다.

꼬리 끝으로 갈수록 가늘어지는 모양이다.

■ 털

머리 위, 다리 앞, 귀 끝의 털은 짧은 직모다. 다른 부위의 털은 긴 편이고 곱슬과 직모가 섞여 있다.

귀 위의 털은 길고 부드럽다. 다리 뒷부분과 배 위의 털은 길고 직모이며 가슴과 목까지 이어진다.

털색은 진한 검정색으로, 가슴에 붉은 반점이 있는 종도 있다.

눈 위의 황갈색 반점은 지름 2cm를 넘지 말아야 하며 주둥이의 반점이 코까지 닿지 않아야 한다. 목 위에도 가슴까지 크고 선명한 반점이 있다. 뒷다리와 넓적다리 안쪽에서는 뒷다리 관절의 아래에서부터 황갈색이 나타나기 시작해 발톱으로 갈수록 엷어진다.

6. 브리타니 (Brittany)

· 원산지 : 프랑스

· 용도 : 조류사냥, 게임 회수

· 출현시기 : 1700년대

· 키 : 46~52cm

· 체중 : 13~15kg

· 성격 : 충직하고 복종심이 강함

■ 기원

프랑스의 브리타니 지방이 원산지이며, 현재 프랑스에서 가장 인기있는 포인팅독이다.

18세기에 출현해 비교적 역사가 오래된 종이지만 20세기초에 타 견종과 교잡을 통해 기능이 월등하게 향상됐다.

이 견종에 대한 표준은 1907년 낭트에서 확립됐다. AKC에서 1934년부터 1982년까지 스파니엘종으로 분류됐으나 1982년부터 브리타니라는 이름으로 독립됐다.

■ 특징

포인팅독 가운데 크기가 가장 작다. 프랑스 바로크 스타일의 머리 모양과 함께 꼬리가 짧거나 아예 없다. 정교하고 소형 개이지만 우아한 느낌을 준다. 브리타니는 매우 명랑하며 표정이 밝고 지적이다. 두개골이 주둥이보다 길고 비율은 3:2 정도이다. 가슴 깊이는 키의 절반에 못 미친다. 낯선 환경에 대한 적응력이 뛰어나고 사교적인 성격의 전천후 견종이다.

낯선 지역, 낯선 게임에 대한 적응력도 우수하다.

피부는 팽팽하고 두개골은 앞이나 옆에서 보면 둥근 모양이지만 위에서 보면 옆모습이 약간 볼록하다.

머리의 끝선은 주둥이와 평행하며 두개골의 폭은 양쪽의 광대뼈로 측정된다.

이마와 코뼈 사이의 각도는 적당한 편이다. 후두부와 광대뼈는 적당한 아치 모양을 이루고 있다.

코는 크고 매우 넓다. 촉촉하게 젖어 있는 콧구멍은 넓게 열려 있고 코 색깔은 털색과 조화를 이룬다.

주둥이는 옆에서 보면 거의 평행을 이룰 정도로 일직선을 이루고 있다.

입술은 지나치게 크지 않으며 가늘고 위 아래가 잘 들어맞는다. 눈은 약간 비스듬하고 타원형이지만 돌출되지 않았다. 홍채는 털의 색깔과 유사하며 짙을수록 좋다.

귀는 높게 매달려 있고 삼각형 모양이다. 크지만 짧은 편이고 앞으로 당기면 이마와 코 사이의 각도까지 이어진다.

끝부분은 짧은 털로 덮여 있다. 꼬리는 높게 매달려 있고 개가 집중하거나 동작을 취할 때에는 지상과 평행을 이루거나 약간 처진다. 브리타니 가운데 태생적으로 꼬리가 없는 경우가 있고 꼬리가 있는 개는 3~6cm 정도가 되도록 잘라 준다. 잘려진 꼬리가 10cm를 넘으면 안 된다.

■ 털

직모이고 머리와 다리 앞부분은 짧은 털이 있다. 앞다리의 뒷부분은 긴 갈기털이 있고 색깔은 하얀 바탕에 오렌지색 반점, 하얀 바탕에 검은 반점, 하얀 바탕에 다갈색 반점 등 다양하다.

이따금 주둥이의 끝이나 옆 혹은 다리에 회갈색이나 황갈색 털이 나 있는 경우도 있다.

■ 부적격(보통) 견
· 성격이 소심하거나 눈을 힐끔거리는 종

· 머리가 평평한 종

· 코와 콧구멍의 색깔이 희미한 종

· 입술이 두텁고 늘어진 개

· 눈이 튀어나왔거나 둥글고, 아몬드 모양인 종

· 귀가 너무 낮게 매달려 있는 종

· 등이 아치 모양이거나 오목한 개

· 배가 나왔거나 너무 수척한 개

· 허리가 길고 협소하며 약한 종

■ **부적격견(심각)**

· 동작이 굼뜬 종

· 광대뼈가 너무 튀어나오고 이마와 코뼈가 이루는 각도가 너무 큰 종, 눈썹의 아치 모양이 지나치게 뚜렷한 종

· 목이 지나치게 길고 주름이 있는 종

■ **부적격견(매우 심각)**

· 다른 개나 사람에 대해 공격적이거나 너무 수줍어하는 개

· 견종의 특징이 너무 부족한 개

· 키가 작거나 너무 큰 종

· 머리 모양이 평평한 종

7. 비즐라 (Vizsla)

· 원산지 : 헝가리

· 용도 : 조류사냥

· 출현시기 : 1000년대

· 키 : 57~64cm

· 체중 : 22~30kg

· 성격 : 우아하고 책임감이 강함

■ 기원

비즐라의 조상들은 마자르(Magyar)족이 헝가리에 침입하면서 헝가리 일대에 퍼졌다.이후 고대 트랜실바니언(Transylvanian) 하운드의 혈통과 터키 엘로우독(Yellow dog), 포인터의 혈통이 가미된 것으로 보인다. 헝가리 포인터로 불리기도 하며 1차 세계 대전까지 헝가리에서 제한적으로 사육됐다.

1950년대 미국에 들어와 1960년에 AKC에 승인됐다.

■ 특징

중간 사이즈의 개로 짧은 털이 나 있다. 튼튼하지만 유연한 체격을 갖추고 있으며 털의 색깔은 매력적인 금빛이다.

엽장에서는 힘이 넘치지만 집에서는 사랑스런 애완견이 될 자질을 동시에 갖추고 있다.

비즐라의 동조포인

근육질의 깡마른 외형이며 두 귀 사이의 골격이 넓은 편이다. 이마와 콧등 사이에서 꺾이는 각도는 완만하며 깊지 않다. 옆에서 보면 두개골과 주둥이의 길이는 엇비슷해 보이며 주둥이는 앞으로 갈수록 가늘어진다. 주둥이의 생김새는 사각이고 깊다.

수염은 특수한 기능을 가지고 있으므로 제거하지 않는 편이 낫다. 콧구멍은 슬쩍 열려 있고 코는 갈색이다.

귀는 가늘고 부드러우며 긴 편이다. 끝은 둥글고 낮게 처져 있어 뺨까지 내려와 있다. 눈은 중간 크기이고 입술이 턱을 완전히 덮고 있어야 한다.

근육질의 목은 강하고 부드러우면서 상당히 긴 편이다.

목덜미에 주름이 없고 어깨로 내려갈수록 넓어진다. 이것은 제법 각이 진 뒷다리의 균형을 유지하기 위해 필수적이다.

몸은 강하고 균형이 잘 잡혀 있으며 등은 짧다.

어깨뼈는 높고, 허리에서 꼬리까지는 둥근 모양이다.

가슴은 넓은 편이고 앞발 관절까지 깊게 닿아 있다. 늑골은 잘 부풀어 있고 허리 아래가 약간 돌출돼 있다. 꼬리는 1/3 가량 잘라

내야 한다. 1999년 한국에 비즐라 협회가 창설됐다.

■ 털

짧고 부드럽고 무성하며 밀집돼 있다. 지나치게 긴 털은 부적합하다. 온 몸이 금빛으로 덮여 있다.

앞가슴과 발끝의 하얀 색은 허용된다.

앞에서 보면 앞가슴의 하얀색은 개가 서 있을 때 흉골의 꼭대기에서 앞다리 무릎 사이의 지점까지 한정되어야 한다.

■ 부적격 견

· 완전히 검은 코

· 하얀색이 발끝을 초과하거나 앞 가슴 이외의 신체부위에 나타나 있는 종

· 하얀색이 어깨 위나 목까지 번져 있을 때

· 지나치게 긴 털

· 표준 키에 미달될 때

8. 와이마라너 (Weimaraner)

· 원산지 : 독일

· 용도 : 대형게임의 추적, 조류사냥

· 출현시기 : 1600년대

· 키 : 56~69cm

· 체중 : 32~39kg

· 성격 : 책임감이 강하고 민첩함

■ 기원

와이마라너의 기원에 대한 확정된 이론은 없다. 일부에서는 색조결핍증(알비노 ; alvino)이 있는 고대 독일 포인터의 일부에서 돌연변이로 나타나게 됐다고 주장하고 있다.

또 독일 숏헤어드 포인터와 이름 모를 포인터 사이의 교잡종이라는 의견도 있다.

17세기에 출현한 와이마라너가 미국으로 건너간 시기는 19세기 말이며, AKC가 1943년에 인증했다.

현재 본고장인 독일보다 오히려 미국에서 인기가 높다.

개가 매우 지배적인 성향을 가지고 있으므로 훈련을 통해 적절히 통제해 줘야 하지만 아이들과 친화력이 뛰어나 가정견으로도 적당하다.

■ 특징

중간 크기의 회색개로 귀족적인 풍모를 가지고 있다. 머리가 상당히 크고 귀풍이 엿보인다.

적당한 각도와 함께 이마 뒤로 중앙의 선이 완만하게 이어진다.

후두부가 두드러져 있으며 후두부에서 눈까지의 길이와 눈에서 코 끝까지의 길이가 엇비슷하다. 선은 직선에 가깝고 부드럽다.

귀는 길고 약간 접혀 있으며 눈 위에 붙어 있다. 귀가 턱을 따라 걸쳐 있을 때는 코 끝보다 2인치 가량 아래에서 끝나게 된다.

눈은 황갈색이나 회색이며 흥분된 상태에서 팽창되면 검은색으로 변한다.

코는 회색이고 입술은 핑크빛을 띤 황색 계열이다. 목은 직선형이며, 긴 편이다.

■ 털

털은 짧고 부드러우며 윤기가 흐른다. 색깔은 은회색에서 회색까지 다양하며 종종 입과 귀에서 더 밝은 빛을 띠기도 한다.

가슴 위에 작은 흰색 반점과 하얀 반점은 허용된다. 꼬리는 잘라야 하며, 길이는 대략 15cm 정도이다.

■ 감점

보통 : 꼬리가 지나치게 짧거나 길 경우 혹은 핑크빛 코를 가진 경우

중대 : 근육의 미발달, 잘못 형성된 치아, 4개 이상 이가 빠질 경우, 등이 너무 길거나 짧을 때, 목이 짧을 때, 피부의 손상, 잘못된 걸음걸이, 짧은 귀.

심각 : 가슴 이외의 곳에 하얀 반점이 있을 때, 자르지 않은 꼬리, 검은 반점이 있는 입, 겁이 많고 신경질적이며 부끄럼을 타는 개.

■ **부적격 견**

표준 키에서 1인치 이상 초과하거나 모자랄 때.
지나치게 긴 털, 지나치게 파랗거나 검은 색깔.

9. 라브라도 리트리버(Labrado Retriever)

· 원산지 : 영국
· 용도 : 운반견
· 출현시기 : 1800년대
· 키 : 54~57cm
· 체중 : 25~34kg
· 성격 : 책임감이 강하고 친절함

■ **기원**

라브라도 리트리버의 원산지는 영국의 뉴펀드랜드(New foundland)이지만, 대부분 사람들은 캐나다의 라브라도(Labrador)로 알고 있다.

초창기 캐나다의 항구 라브라도 지역에서 바다에 빠진 물건을 물어오는 작업견으로 활용됐다.

오늘날에는 오리사냥에 가장 많이 이용되고 있을 뿐 아니라 안내견, 구조견, 탐색견, 애완견으로서 인기가 높다.

라브라도는 중형 사이즈로 강건하고 균형잡힌 체격을 갖추고 있어 오랜 시간 이어지는 수렵에서 뛰어난 능력을 발휘한다.

이 개의 가장 큰 특징은 방수성의 짧고 무성한 털이다.

전형적인 라브라도는 꾸미지 않아도 우아하고 불필요한 구석이나 천박한 면이 거의 없다. 따라서 사냥개로서 라브라도의 인기는 식을 줄 모르고 있다.

■ 특징

두개골은 넓어야 하고 잘 발달돼 있어야 한다. 이마가 약간 튀어나와 두개골과 코가 일직선에 가까울 정도로 각도가 완만한 편이다. 머리는 뚜렷해야 하며, 뺨이 부풀어 올라 있지 않아야 한다.

두개골에는 중앙선이 나타나 있으며 후두부의 뼈는 식별이 쉽지 않다.

입술은 사각형 모양이거나 늘어져서는 안 되고, 목 쪽으로 곡선을 이루어야 한다.

턱은 힘이 넘치지만 날카롭게 보이지 않는다.

주둥이는 너무 길거나 짧아도 좋지 않다.

코는 넓고 콧구멍이 잘 발달돼 있어야 한다. 코의 색깔은 검은색이나 노란색 개의 경우 검어야 하고 초콜릿 색일 경우 갈색이어야 한다.

귀는 머리에 가깝게, 눈보다 약간 위쪽에 자리잡고 있어야 한다.

지성과 집중력, 좋은 성격을 암시하는 친절하고 다정한 눈은 이 개의 상징이다. 크기는 중간 정도이고 두 눈 사이는 적당하게 떨어져 있다. 검정색이나 노란 색 개의 경우 눈은 갈색이어야 하고 초콜릿색 개는 갈색이나 엷은 갈색을 띠어야 한다.

꼬리는 이 종의 특징 가운데 하나로, 시작은 매우 두텁지만 끝으로 갈수록 점점 더 가늘어진다. 중간 정도 크기이고 무릎에 닿지 않아야 한다.

꼬리에는 털이 적어야 하며 짧고 무성한 털로 덮여 있어야 한다. 꼬리의 둥근 모양으로 인해 '수달꼬리'로 불리기도 한다. 꼬리는 정지해 있거나 움직일 때 몸의 뒤로 낮게 뻗어 있어야 하며 말아 올려서는 안된다.

■ 털

털은 짧고 직모이며 매우 무성해서 손으로 만지면 부드러운 느낌을 준다. 라브라도는 반드시 부드러운 방수성의 속털을 가져야 한다.

라브라도의 털 색깔은 검정, 노랑, 초콜릿으로 이뤄져 있다. 하지만 단색이어야 한다.

■ 부적격 견

1. 표준 키에 미달하거나 초과하는 경우

2. 코가 핑크색이거나 색깔이 옅을 때

3. 눈 가장자리의 색깔이 옅을 때

4. 꼬리를 자르거나 길이를 변경했을 때

5. 검정, 노랑, 초콜릿 이외의 색깔이 섞여 있을 때

10. 골든 리트리버
(Golden Retriever)

· 원산지 : 역국

· 용도 : 회수견

· 기원 : 1800년대

· 키 : 51~61cm

· 체중 : 27~36kg

· 성격 : 똑똑하고 민첩함

독특한 털색으로 인해 많은 인기를 모으고 있는 견종이다. 털색은 담황색에서 노란색까지 다양하지만 붉은색은 허용이 안된다. 훈련에 잘 따르는 견종이며 많은 훈련량을 소화할 수 있고, 애완견으로도 우수하다.

■기원

1800년대 초기 영국과 스코틀랜드에는 수렵의 대상이 되는 조류가 풍부하였으며 수렵은 하나의 스포츠인 동시에 식량을 얻는 현실적인 수단이기도 하였다.

회수견들은 수륙을 불문하고 수렵에 적합한 크기였으므로 상당한 인기를 모으고 있었다.

수중 회수작업은 무엇보다 중요하기 때문에 헌터들이 원하는 개는 차가운 물에 견디는 개, 수영을 잘하는 개였다. 그리고 야산에서 게임를 쫓을 때 풀숲을 헤치고 앞으로 나아갈 수 있는 실질적으로 건장한 개를 필요로 하였다.

이에 영국의 트위트마우스경은 1865년에 부라이튼에서 엘로리 트리버인 누즈(지혜라는 뜻)를 구입하게 되었다.

누즈는 그 전까지 치체스터 백작의 번식견이었다고 한다.

1870년경 찍은 사진의 모습은 웨이브가 있는 털을 갖고 약간은 대형의 골든이었다.

이 개는 충실함과 건장한 몸을 갖추고 있었으며 오래 전부터 그 용기와 지성, 어떠한 상황에서도 잡은 것을 물어 갖고 오는 것을 즐거워하였다.

이들은 해안지방에서 사용하고 있던 워터독의 자손들이었다.

누즈가 트위트워터스파니엘과 교배하여 낳은 새끼들은 골든의 개발에 중요한 역할을 하게 된다.

아이리쉬 세터, 트위트 워터스파니엘, 플랫트하운드 등과 교잡을 통해 오늘날의 골든리트리버가 출현하게 된다.

여기서 나온 엘로리트리버와 골든리트리버는 19세기 말경에 영국에서 인기를 모은다.

이때 미국으로 건나가게 됐으며 1925년 11월 골든리트리버는 AKC에 처음으로 등록되었다.

■ 머리

두골은 넓고, 이마 혹은 후두부가 튀어나오지 않은 채로 측면과 길이에서 약간 아치를 그린다. 각도는 적당하지만 선명하게 꺽이지는 않았다.

주둥이와 각도에서 후두부까지의 길이가 엇비슷하다. 주둥이는 옆에서 보면 곧게 뻗어 있고, 매끈하고 강력하게 두골에 이어지며, 옆 또는 위에서 보면 주둥이 끝보다 각도 부근이 조금 더 깊고 넓다.

눈은 우호적이고, 지적인 표정이며, 중간 크기에 진한 색깔이다. 눈 색깔은 진한 갈색이 선호되고, 중간 갈색까지 허용된다. 치켜 올라간 눈, 좁은 눈, 삼각눈, 좋은 표정이 아닌 눈은 결점이다.

귀는 짧은 편이고, 앞 쪽 끝이 눈 바로 위의 뒤에 매달려 있다.

뺨에 바싹 붙어서 늘어져 있다. 앞으로 당기면 귀 끝이 눈을 덮어야 한다. 하운드처럼 귀가 낮게 자리잡고 있으면 적당하지 않다.

코는 검정색 또는 갈색을 띤 검정색이며, 핑크색 코나 착색이 현저하게 부족한 것은 결함이다.

■ 몸과 꼬리

목은 중간 길이이며, 뒤로 보기좋게 기울어진 어깨로 완만하게 이어진다.

등의 선은 강하고, 서있거나, 움직이거나, 기갑에서부터 약간 경사진 엉덩이까지 수평이다.

몸체는 균형이 잘 잡혔고, 짧게 생겼으며, 가슴이 깊다. 앞다리 사이의 가슴은 적어도 성인남자의 주먹크기(엄지포함)만큼 넓고, 앞가슴이 잘 발달되어 있다. 측면이 길고 편평한 것, 좁은 가슴, 가슴깊이가 부족한 것, 과도하게 허리가 잘록하니 올라간 것은 결함이다.

꼬리는 잘 자리잡았고, 밑둥이 굵고 근육질이며, 엉덩이로부터 자연스럽게 흘러내린다.

꼬리뼈는 다리 무릎 지점까지 뻗으며, 그보다 아래는 아니다. 반갑다는 표현으로 수평이나 약간 적당히 위로 올리기는 하지만 둥글게 말거나, 똘똘 말려서 넘어가서나 다리 사이로 감아 넣지는 않는다.

■ 털

조밀하고 방수가 잘되며, 좋은 속털을 가졌다. 바깥털은 견고하고 복원력이 있다.

몸체에 붙어서 누워 있으며, 올곧거나 곱슬거린다. 머리털, 발과 다리 앞의 털은 짧고 고르다. 털 길이가 너무 길거나 성긴 털, 흐느적거리는 털, 부드러운 털은 바람직하지 않다.

털색은 다양한 음영을 가진 진하고, 윤기나는 황금색이다. 장식 깃털은 나머지 털보다 더 밝은 색이다.

나이를 먹어서 얼굴이나 몸이 흰색으로 변해가는 것을 제외하고는 어떤 흰색 무늬도 그 정도에 따라서 벌점사항이다.

다만 가슴에 난 몇 가닥의 흰털은 괜찮다. 허용할 수 있는 연한 음영과 흰색 무늬를 혼동해서는 안된다. 몸체의 바탕색이 극단적으로 흐리거나 진하면 바람직하지 않다.

강아지는 어느정도 색이 연하지만 성견으로 커가면서 반듯이 진해져 간다.

검정색이나 여타의 색깔이 눈에 뜨이는 부위가 있으면 심각한 결함이다.

■ 결격사항

· 체고가 표준으로부터 1인치 이상 크거나 작은 것.
· 이빨이 지나치게 짧거나 긴 개

③ 수렵견

1. 그레이하운드
(Grayhound)

· 원산지 : 영국

· 용도 : 토끼사냥

· 출현시기 : BC 3000년

· 키 : 69~76cm

· 체중 : 27~32kg

· 성격 : 활발하고 친절함

영국이 원산지이며, FCI에서는 시각하운드 그룹에 포함된다.

우리나라에서 잡종견이 멧돼지 사냥에 이용되며 경주용 그레이
하운드의 인기도 높아가는 추세다.

■ 특징

BC 3000년경 축조된 이집트의 무덤에서 그레이하운드와 유사
한 견종이 발굴된 것으로 보아 역사가 매우 오래된 개임을 알 수
있다.

영국에는 AD 900년경에 들여온 것으로 추정된다. 천성적으로
얌전한 편이지만 작은 개나 고양이를 공격하려는 본능을 가지고

있으므로 주둥이에 바구니를 씌우거나 묶어줘야 한다.

관리는 평소에 가벼운 뜀박질로 몸을 풀도록 해주는 게 좋다.

체형은 날씬한 몸매와 함께 균형미가 뛰어나고 근육조직이 발달했으며 좌우대칭형이다.

긴 머리와 목, 잘 갖춰진 어깨, 깊은 가슴, 아치 모양의 허리 등이 특징이다. 체력과 인내력이 뛰어나다. 머리 모양은 길쭉하고 폭이 좁은 편이다.

■ 털

털은 검정색, 붉은색, 파란색, 엷은 황갈색, 연한 회갈색 등과 함께 흰색이 섞여 있다.

2. 쿤하운드

원산지는 미국이며 1991년 1월에 표준이 확립됐다. 후각 하운드종으로 분류된다. 우리 나라에서는 잡종견이 멧돼지 사냥에 이용된다. 블랙앤탄 (Black and Tan), 블루틱스  (Bluetick), 잉글리쉬(English), 레드본(Redbone), 워커 (Walker), 플롯트(Plott) 등 6가지 종으로 이뤄져 있다.

■ 기원과 특징

쿤하운드는 최초에는 겨울의 추위와 여름의 열기, 거친 지형 등 악조건을 견뎌낼 수 있는 워킹독(working dog)으로 개발됐다. 주로 너구리를 추적하는 데 사용됐으며 냄새에 의해 게임을 추적했다.

이후에 사슴, 곰 등 대형 맹수류의 사냥에도 두루 이용됐다.

쿤하운드는 1700년대에 미국에서 주로 발전하였는데, 초창기에 미국에 이주해온 사람들이 나무 위로 달아나버리는 동물들 때문에 고통을 받았기 때문이다.

이 동물들을 쫓아내기 위해 폭스하운드와 기타 견종들이 사용됐지만 나무 앞에서는 무용지물이었기 때문에 새로운 견종을 필요로 하게 됐다.

이들이 필요로 하는 새로운 견종은 다양한 지형조건에 적응할 수 있는 용기와 민첩성, 투쟁력과 함께 나무를 오를 수 있어야 한다는 색다른 조건을 포함하고 있었다.

그러나 그때까지 유럽에서는 나무에 오르는 개가 개발되지 않았으므로 미국인들은 독자적인 노력 끝에 쿤하운드를 개발하게 되었다. 이 견종은 지치지 않고 게임을 추적했으며 낮과 밤을 가리지 않고 용맹성을 과시해 미국인들의 사랑을 독차지했다.

이 개를 평가하는데는 일반적으로 3가지 기준을 적용한다. 그것은 바로 힘과 지능, 민첩성이다.

이 개를 사용하는 헌터들은 엽장을 수색하는 능력과 힘찬 움직임에 반한다고 한다.

암캐보다 수캐가 뼈와 근육이 더 발달돼 있다. 그러나 사람과 다른 개들에게 공격성을 표시하는 점은 단점으로 꼽힌다.

(1) 플로트 (Plott)

- 용도 : 곰사냥
- 출현시기 : 1700년대
- 키 : 51~61cm
- 체중 : 20~25kg
- 성격 : 복종적이며 활동적임

길고 구브러진 꼬리가 높이 솟아 있고 커다란 귀가 이 개의 특징이다. 끈기있고 강한 성격의 이 견종은 추적범위가 매우 넓다.

곰을 추적하면서 직접 공격해야 할 때도 빈번하므로 용감하고 체력도 뛰어나다.

플로트라는 이름은, 이 견종을 개발한 독일계 미국인 플로트의 이름을 따서 붙여졌다.

(2)블루틱 (Bluetick Coonhound)

- 원산지 : 미국
- 용도 : 너구리사냥

· 출현시기 : 1900년대

· 키 : 51~69cm

· 체중 : 20~36kg

· 성격 : 활동적이고 민첩함

　이 견종의 푸른색은 하얀색 바탕의 짙은 검정색 털 때문에 나타났다. 블루틱의 털색은 검정색, 황갈색, 하얀색 3가지로 이뤄져 있다. 블루틱의 선조는 초창기의 미국에 건너온 프랑스 하운드로 추정되며 블러드하운드 등과 교잡을 통해 오늘날의 블루틱이 출현한 것으로 보인다. 후각능력이 뛰어나다.

(3) 영국 쿤하운드

(English Coonhound)

· 원산지 : 미국

· 용도 : 곰사냥

· 출현시기 : 1800년대

· 키 : 53~69cm

· 무게 : 18~30kg

· 성격 : 활동적이고 생기가 넘침

끈기있는 중형 사이즈의 견종으로 털이 짧지만 단단해 추위에도 강하다. 이 견종에 속하는 대부분의 개들은 하얀 바탕에 붉은 무늬가 섞여 있어(red and white) '레드틱' 이라고도 불리운다.

주로 너구리사냥에 이용돼 쿤하운드의 원조가 됐으며 여우, 곰 사냥에도 이용된다. 복종심이 강해 애완용으로도 인기가 높다.

(4) 레드본

(Redbone Coonhound)

· 원산지 : 미국

· 용도 : 너구리사냥

· 출현시기 : 1700년대

· 크기 : 53~66cm

· 체중 : 23~32kg

· 성격 : 결단력이 있고 복종심
    이 강함

몸 전체가 붉은 털색으로 덮여 있어 다른 견종과는 확연히 구분된다. 다리나 가슴에 흰색이 약간 섞여 있어도 무방하다. 천성이 비교적 순하고 크기도 적당해 최근 인기를 모으고 있다. 초기에는 하얀색 털이 섞여있는 종이 많았지만 최근엔 줄어들고 있다.

이 견종의 이름은 개발자인 피터 레드본(Peter Redbone)에게서 비롯됐다.

(5) 블랙앤탄 쿤하운드 (Black and Tan Coonhound)

　· 원산지 : 미국

　· 용도 : 너구리사냥

　· 출현시기 : 1700년대

　· 키 : 58~69cm

　· 체중 : 25~35kg

　· 성격 : 결단력이 있고 활발함

이 견종은 폭스하운드와 블러드하운드의 교잡으로 출현됐다. 털색은 대부분 검정색이고 황갈색이 10~15% 정도 섞여 있다.

이따금 가슴 부위에 하얀 털이 섞여 있는 경우도 있다. 후각능력이 우수하고 끈기가 있어 추적능력도 뛰어나다.

헌터들은 이 견종의 짖는 소리로 개들을 구별할 수 있다고 한다. 쿤하운드 가운데 가장 먼저 혈통이 확립된 견종이다.

3. 핏불테리어

(American Pit Bull Terrier)

　· 원산지 : 미국

　· 용도 : 투견

· 기원 : 1800년대

· 키 : 46~56cm

· 체중 : 23~36kg

· 성격 : 끈질기고 공격적임

현존하는 개 중에서 가장 위험한 개로 꼽힌다. 강한 턱, 근육질의 목과 몸, 난폭한 듯한 얼굴, 넓은 이마에서 타의 추종을 불허하는 힘이 뿜어져 나온다. 강한 턱의 힘을 뒷받침하기 위해 뺨 사이가 특히 넓다.

스태포드셔 불 테리어(Staffordshire Bull Terrier)와 불독(Bulldog)의 교잡종으로, 영국에서는 이 개를 소유하기 위해 필히 등록해야 하는 등 소유에 제한을 가하고 있다. AKC와 FCI에는 등록돼 있지 않다.

국내에서 '피플'이라고도 불리며, 단독으로 멧돼지사냥에 이용하기도 하지만 대부분 교잡종을 이용한다. 멧돼지 헌터들은 주로 멧돼지견의 공격성을 강화하기 위해 핏불을 이용하고 있는 것으로 알려졌다.

현재 활약하고 있는 상당수의 현역 멧돼지견들에게 핏불테리어의 피가 가미돼 있다.

4. 로데지안 리지백

(Rhodesian Ridgeback)

· 원산지 : 남아프리카공화국

· 용도 : 누우, 맹수사냥

· 출현시기 : 1800년대

· 키 : 61~69cm

· 체중 : 30~39cm

· 성격 : 민첩하고 복종심이 강함

후각하운드(Scenthound)로 분류된다.

우리 나라에서는 순혈보다 잡종견이 멧돼지사냥에 이용되고 있다.

■ 기원

19세기 후반에 보어인들에 의해 개발돼 1922년 로데지아(Rhodesia)에서 표준이 확립됐다.

이 견종은 초기부터 2~3마리씩 무리를 이뤄 사냥을 했으며, 주로 누우, 사자 사냥에서 게임을 몰면서 헌터가 도착할 때까지 시간을 벌어 주는 역할을 했다고 한다. 강한 체력과 뛰어난 스피드로 유명하며 오늘날에는 경비견이나 애완견으로도 인기가 높다.

■ 특징

로데지안 리지백은 강하고 근육질이며 활동적이고 민첩한 개다. 외형상 좌우대칭이 뚜렷하며 균형이 잘 잡혀 오랜 시간 변함없는 속도를 유지할 수 있다.

이 개에서 중요한 점은 민첩함과 우아함, 견실함이다.

외형상의 특징은 등줄기 위의 털이 몸의 털과 반대 방향으로 나 있다는 것이다. 이 특징이 뚜렷해야 하며 엉덩이 쪽으로 갈수록 가늘어져야 한다. 이 특징적인 털이 나 있는 부위의 폭은 약 5cm 정도다.

■ 털

털은 짧지만 무성하고 매끄러우면서 윤이 난다. 빽빽하지 않고 감촉이 부드럽지 않다. 털 색깔은 옅은 주황색 계열이다.

5. 저먼헌팅테리어 (German Hunting Terrier)

· 원산지 : 독일

· 용도 : 소형수류 사냥

· 출현시기 : 1800년대

· 키 : 41cm

· 체중 : 9~10kg

· 성격 : 날카롭고 집요함

독일이 원산지이고 1996년 2월에 FCI에서 표준이 확립됐다. 수류사냥에 적합하고 플러싱 독으로도 활용할 수 있다. FCI에서는 테리어 그룹에 포함된다.

우리 나라에서도 멧돼지사냥에 이용된다.

■ 기원

제 1차 세계대전 후 폭스테리어 클럽에서 한 그룹의 헌터들이 떨어져 나와 사냥능력이 뛰어난 새로운 종을 개발하기 시작했다. 이들은 수류 사냥에 적합한 검정색과 황갈색이 섞인 종을 선택했다. 그런데 우연히 어느 동물원 관리인이 가지고 있던 폭스테리어 계열의 검정색 테리어를 발견하게 됐다.

이 개들이 져먼헌팅테리어의 원조가 됐다. 그로부터 몇 년후 이 개에 올드 잉글리쉬 와아이헤어드 테리어, 웰쉬테리어의 혈통이 가미돼 져먼헌팅테리어가 출현하게 된다.

이로부터 훈련적응력이 뛰어나고 사냥에 대한 본능과 함께 물에서도 활발하게 활동할 수 있는 능력을 지니게 됐다. 이후 1926년에는 독일에서 져먼헌팅테리어 클럽이 설립됐다.

■ 특징

몸집이 작은 편이며, 일반적으로 검정색에 황갈색이 섞여 있다. 가슴 둘레와 키의 비율은 10:12이며 몸의 길이가 키보다 크다. 키는 몸 길이의 약 55~60% 정도다.

■ 털

털은 평평하고 무성하며, 매우 거칠거나 조잡하면서도 부드럽다. 색깔은 검정색, 짙은 갈색, 회색이 섞인 검정색 바탕에 눈썹과 주둥이, 가슴, 다리, 꼬리의 아래 부분에 주황색 털이 섞여 있다. 가슴과 발 끝에 작은 흰색 반점이 섞여 있는 경우도 있다.

6. 에어데일 테리어
(Airdale Terrier)

· 원산지 : 영국

· 용도 : 오소리, 수달 사냥

· 출현시기 : 1800년대

· 키 : 56~61cm

· 체중 : 20~23kg

· 성격 : 똑똑하고 책임감이 강함

이 견종은 영국의 남부 요크셔에서 출현했으며, 오터하운드(Otterhound)의 조상에서 갈려져나온 것으로 추정된다. 1987년 6월에 표준이 확립됐고, FCI에서는 테리어종으로 분류된다.

우리 나라에서는 일부 순혈의 에어데일 테리어가 멧돼지 사냥에 이용되고 있다.

■ 특징

테리어 가운데 가장 크고 근육이 잘 발달돼 있으며 활동적이다.
동작이 빠르고 눈과 귀의 모양, 곤두선 꼬리를 보면 성격을 파악할
수 있다.

■ 털

방수성의 털은 거칠고 무성하지만, 풀어 헤쳐진 것 같은 느낌은
주지 않는다. 반듯하게 곤두서 있으며 빽빽하게 몸과 다리를 덮고
있다. 외부의 털은 길고 무성하지만 속털은 짧고 부드럽다.

가장 긴 털은 구부려져 있지만, 곱슬형(Curly - Coated)은 선
호되지 않는다. 색깔은 검정색과 황갈색이 특징적이다.

7. 아키다(Akita)

· 원산지 : 일본

· 용도 : 수류사냥

· 출현시기 : 1600년대

· 키 : 60~71cm

· 체중 : 34~50kg

· 성격 : 활동적이고 독립적임

아키다는 꼿꼿이 곤두선 귀와 등 위로 구부러진 꼬리가 특징으로 스피츠 계열에 속한다.

머리가 크고 넓다. 이 개는 아키다현에 유배된 일본의 귀족에 의해 개발됐으며 곰같은 수류를 사냥하는데 사용됐다.

■ 기원

아키타의 선조는 아키타 지방의 특산종이 아키다 마타기스(Akita Matagis)이다. 이 개는 중간 사이즈의 개로 투견이나 곰 사냥에 사용됐다.

1868년에 아키다 마타기스는 도사, 마스티프와 교잡이 이뤄진다. 이후 아키다의 체구가 커졌으나 스피츠의 특성은 약해졌다.

1908년에 일본에서 투견이 금지됐지만 아키다의 인기는 여전했다.

2차 대전에는 아키다의 털이 군복의 속감으로 사용돼 많은 수난을 당하기도 했다.

2차 대전 이후 마타기 아키다, 투견용 아키다, 세퍼드 아키다 등 3종으로 분류되며 계통을 파악하는데 큰 혼란을 초래했다.

결국 데와(Dewa) 계열의 개들이 순혈로 인정을 받게 됐는데, 이 개들은 마스티프와 독일 세퍼드의 혈통이 섞여 있었다. 이 개들이 군용으로 미국으로 건너가 인기를 모으게 된다. 데와계 아키다는 똑똑하고 적응력이 우수하다.

■ 털색

몸 전체가 이중털로 덮여 있다. 속털은 두껍고 부드러우며 촘촘하지만 바깥털에 비해 짧다. 바깥털은 직모이고 뻣뻣한 편이다.

머리 위, 다리 아래, 귀의 털은 짧다. 어깨와 엉덩이 부근의 털 길이는 5cm 정도로 긴 편이고 꼬리털이 가장 길다.

털색은 붉은색, 황갈색, 흰색 등 다양하고 심지어는 얼룩무늬의 개도 있다. 색채는 밝고 선명하며 무늬가 고루 퍼져 있다.

흰개에게는 무늬가 없지만 얼룩무늬 개에게는 흰색이 몸 전체의 1/3 이상을 덮고 있다.

8. 기주 (Kishu)

· 원산지 : 일본

· 용도 : 멧돼지 사냥

· 출현시기 : 1000년대

· 키 : 46~52cm

· 성격 : 민첩하고 인내심이
　　　　강함

표준이 확립된 시기는 1994년 12월로 다소 늦은 편이다. FCI의 견종분류법에서는 스피츠그룹에 포함돼 있다.

국내에 '기슈켄' 으로 소개되기도 했으며, 현재 여러 마리가 보급돼 멧돼지 사냥에 투입되고있다.

■ 기원

중간 크기의 이 견종은 일본에서 고대부터 이어져 온 종으로, 기슈 지방의 산악 지역에서 발전했다. 초창기에는 털색이 빨강, 주황, 얼룩무늬 등 식별하기 쉬운 색이 주종을 이뤘으나 1934년부터 단일 털색이 크게 늘어났다.

1945년 이후 얼룩무늬 기주견이 완전히 사라지게 됐고 하얀색 개들이 주종을 이루게 됐다.

일본에서 주로 멧돼지 사냥에 사용되며, 이따금 사슴사냥에도 투입된다. 이 개의 이름은 원산지의 지명에서 유래됐다.

■ 특징

중간 크기이며 균형잡힌 몸매에 근육이 잘 발달돼 있다. 귀가 쫑긋 서 있으며 꼬리가 말려 있거나 구부려져 있다.

키와 몸의 길이는 10:11 정도의 비율로 균형을 이루고 있다. 인내심이 강하고, 신경질적인 성격이지만 신뢰할 수 있고, 온순한 데다 매우 민첩하다.

윗턱이나 아랫턱이 튀어나오면 안 된다. 귀가 세워져야 하며, 지나치게 짧은 꼬리, 꼬리를 흔드는 행위 등은 부적합하다.

■ 털

외부의 털은 거칠고 직모이며 속털은 부드럽고 무성하다. 뺨, 꼬리 위의 털은 꽤 길다. 색깔은 하얀색 털끝이 검고, 바탕이 붉거나 황갈색의 종도 있다.

9. 캐어리언 베어 (Karelian Bear Dog)

· 원산지 : 핀란드

· 용도 : 곰, 엘크사냥

· 출현시기 : 1600년대

· 키 : 48~58㎝

· 체중 : 20~23㎏

· 성격 : 용감하고 단호함

AKC에는 등록돼 있지 않다. 라이카의 일종으로 보이며 우리나라에서는 순혈의 캐어리언 베어들이 멧돼지 사냥에 이용되고 있다.

■ 기원

핀란드가 원산지로 FCI에서 표준이 확립됐다. 주로 엘크나 곰 사냥에 이용된다.

실렵에 투입되면 게임을 헌터 쪽으로 몰아준다. 이 때 동료들과 협력해 맹렬히 짖어댐으로써 게임의 위치를 헌터들에게 알린다. 후각 능력이 뛰어나 대형 맹수류의 사냥에 활용되며 방향 감각도 뛰어나다.

FCI에서는 스피츠 타입으로 분류되고 있으며 스웨덴, 노르웨이, 핀란드 등에 분포하고 있다.

지리안(Zyrian)견으로도 불리는 고미(Komi)견이 캐어리언 베어의 선조로 보이지만, 이 개들의 직계 선조는 러시아의 캐어리어(Karelia)에서 건너온 것으로 추정된다.

현재까지도 캐어리어에서 맹수사냥에 두루 이용되고 있기 때문이다. 1936년부터 대형 맹수류를 향해 짖어대는 개를 만들어 내기 위해 개량되기 시작했으며 표준은 FCI에서 최초로 확립됐다.

■ 특징

중간 사이즈의 강건한 체형이며 몸의 길이가 키보다 약간 길다. 털이 많고 귀가 쫑긋 서 있다. 주둥이와 두개골의 비율은 2:3 정도이며 두개골의 길이는 폭과 높이가 같다.

■ 털

피부에 주름이 없고 외부의 털은 거친 직모이다. 목 위와 윗 넓적다리의 후면에 나 있는 털들은 다른 곳의 털보다 유난히 길다.

속털은 부드럽고 무성하다. 색깔은 검고 머리와 목, 가슴, 배, 다리에는 하얀 반점이 선명하다.

10. 이스트 시베리언 라이카 (East Siberian Laika)

· 원산지 : 러시아

· 용도 : 곰사냥

· 출현시기 : 1800년대

· 키 : 56~64cm

· 체중 : 18~23kg

· 성격 : 복종심이 강하고 우아함

이 종은 썰매를 끌거나 곰, 엘크, 순록
등을 사냥하는 데 이용돼 왔다. 이 종에 속하는 개들은 크고 사각
형의 체형이며 외부의 털은 끝이 약간 뾰족하다.

머리가 넓은 편이고 큰 귀는 꼿꼿이 세워져 있다. 이스트 라이카
는 과거 소련정부가 우주선을 쏘아 올릴 때 테스트용으로 사용된
최초의 '우주견'이기도 하다.

11. 러시아-유럽 라이카 (Russo-European Laika)

· 원산지 : 러시아, 핀란드

· 용도 : 대형수류 사냥

· 출현시기 : 1700년대

· 키 : 53~61cm

· 체중 : 20.5~23kg

· 성격 : 독립적이며 용감함

　러시아 - 유럽 라이카는 러시아와 핀란드의 국경 지대에서 출현했다. 사슴과 늑대사냥에 이용됐던 용맹스러운 사냥개와 우트차크 쉽독(Utchak Sheepdog)과 교잡종으로 보이며, 곰사냥에 주로 이용되고 있다. 견고한 체격 구조를 갖춘 견종으로, 검은색 바탕에 흰무늬의 털색이 특징이다. 귀가 쫑긋 세워져 있으며 상당수가 꼬리 없이 태어난다. 꼬리가 있는 경우는 둥그렇게 말려지는 게 특징이다. 캐어리언 베어 독과 유사종으로 추정된다.

12. 웨스트 시베리언 라이카(West Siberian Laika)

· 원산지 : 러시아

· 용도 : 곰사냥

· 출현시기 : 1800년대

· 키 : 53~61cm

· 체중 : 18~23kg

· 성격 : 활동적이고 활기가 넘침

러시아 우랄산맥과 서시베리언 및 중앙시베리아의 삼림 지대가 원산지이다. 이스트 시베리아 라이카에 비해 특징이 더 확고하게 고정돼 있으며, 더 많은 수가 퍼져 있다. 긴 다리와 늑대를 닮은 얼굴모양에 충만한 힘과 인내력을 느낄 수 있으며 꼬리가 동그렇게 말려 있다. 몸 전체가 짧고 무성한 이중털로 덮여 있다.

콧구멍이 돌출돼 있으며 색깔은 흰색, 갈색, 회색 등이다.

13. 진돗개

대한민국이 원산지로 현재 천연기념물 제 53호로 지정돼 있다. 순혈 보다는 잡종견이 멧돼지 사냥에 이용되고 있다.

■ 역사

확실한 유래는 알 수 없으나 석기시대에 출현한 개 중에서 갈려져 나온 동남아시아계의 중간형에 속하는 품종이다.

그 기원에 대해서는 중국 남송(南宋)의 무역선에 의해 유입되었다는 설과, 조선 초기의 군마목장을 지키기 위해 몽골에서 들여왔다는 설이 있다.

대륙과 격리된 채 비교적 순수한 형질을 그대로 보존하여 오늘의 진돗개가 되었다.

■ 특징

진돗개의 털빛은 황색, 흰색, 회색, 검은색 등 다양하다. 털은 겉털과 속털의 이중으로 되어 있다.

겉털은 윤기가 나고 하나씩 곧게 서 있다. 속털은 부드럽고 조밀하다. 꼬리 부분의 털은 다른 부분의 털보다 다소 길다. 다른 개와는 달리 진돗개는 암수의 구별이 뚜렷하다. 수컷의 어깨 높이는 48~53cm, 몸통의 길이는 53~58cm로 야성적이고 우람하다. 그래서 남성다운 용감성이 있는 것이 특징이다.

암컷의 어깨 높이는 40~50cm, 몸통의 길이는 50~51cm로 영특하고 민첩하다. 여성다운 우아함이 보인다. 진돗개의 암컷은 생후 9개월 정도부터 발정을 보이기 시작하나, 개체에 따라 차이가 있다. 발정 주기는 대개 4~6개월이고, 임신 기간은 60~65일. 보통 3~6마리의 새끼를 낳는다.

생후 3~4개월이 지나면 꼬리가 말려 올라가고, 4~6개월이면 귀가 쫑긋 선다. 이 무렵 최초의 부드러운 털이 빠지고 굵은 털이 나며, 차츰 체형이 잡히고 진돗개다운 특성이 나타나기 시작한다. 진돗개다운 특성은, 눈이 튀어나오거나 둥글지 않고 날카롭게 째진 삼각형 모양이어야 한다. 언제나 총기와 야성미가 넘쳐야 한다.

현재는 문화재관리법과 한국진도견보호육성법(1967년 1월 16

일 공포)에 따라 보호 육성되고 있으며, 1995년에는 국제보호육
성동물로 지정되었다.

14. 풍산개

현재 남한에서는 표준에 대한 의
견이 워낙 다양하게 갈려 있어 정설
이 세워져 있지 않다.

풍산개가 처음 기록에 나타난 시
기는 1936년경으로, 일본인 모리
다메소에 의해 조선총독부 관보에
발표됨으로써 알려지게 됐다. 현재
는 북한 천연기념물 368호로 지정
되어 있다. 남한에도 현재 상당수가
보급돼 멧돼지 사냥에 활용되고 있
으나, 이렇다 하게 빛을 보지 못하고 있다.

하루빨리 명확한 표준이 확립되고 자질을 계발해야 하나 아직까
지 논란이 끊이질 않고 있다.

■ 표준

일반적으로 통용되고 있는 풍산개에 대한 표준은 다음과 같다.
"몸길이 60~65cm, 어깨높이 55~60cm, 몸무게 20~30kg

인 중형견으로, 몸에는 털이 빽빽이 나 있으며 털색은 흰색인데 연한 잿빛 털이 고르게 섞인 것도 있다.

머리는 둥글고 아래턱이 약간 나왔으며 코 빛깔은 살색 또는 검은색이다. 주둥이는 넓고 짧다. 귀는 삼각형으로 직립하며 끝이 앞으로 약간 굽었다.

꼬리는 말려 있으며 털은 길고 부드럽다. 턱 밑에는 콩알만한 도드리가 있는데, 길이 5~10cm의 수염 모양 털이 3개 정도 나 있다. 한 배에 5~8마리의 새끼를 낳으며, 성질은 온순하나 적수와 싸울 때는 몹시 사납다.

경계심이 강하고 영리하며 침착하면서도 동작이 빠르고 용맹하다. 체질이 강인하여 질병과 추위에 잘 견디는 것으로 알려져 있다.

함북 풍산군 풍산면과 안수면 일원에서 길러지던 지방 고유의 사냥개이다. 외형이 진돗개와 닮았으나 체구가 크고 건장한 풍산개는 1942년 조선총독부에 의해 천연기념물(제 128호)로 지정되기도 했다. 광복 후 북한 당국의 적극적인 보호 정책으로 원종이 잘 유지되고 있는 것으로 알려져 있다.”

일부에서는 유사 이전부터 시베리아와 북만주, 장백산맥 일대를 주름잡던 순수한 토착견으로, 서쪽으로 진출하여 웨스트 시베리안 라이카, 유럽 - 러시아 라이카, 캐어리언 베어독으로 발전했다고 주장하나, 확인할 길은 없다.

15. 삽사리

삽사리의 원산지는 대한민국으로 한때 맥이 끊겼으나 최근 복원돼 일부가 멧돼지 사냥용으로 테스트를 받고 있다.

■ 역사

삽사리는 신라 시대부터 귀족사회에서 사랑을 받으며 길러져 왔다. 통일신라가 망하면서 민가에 서민적인 개로 우리 민족과 애환을 함께 해 온 개이다.

일제 시대에 내선일체(內鮮一體)라는 식민정책으로 일본개와 유사한 진도견만을 육성하고 삽사리를 배척했다. 태평양전쟁 말기에 일본군의 방한용 재료로 사용하기 위해 연간 30~50만 마리가 도살돼 만주로 밀반출되는 수난의 역사도 있었다.

우리 민족과 운명을 같이한 삽살이는 김홍도의 풍속도는 물론이요, 조선 중기의 훈몽자회를 보면 개 견(犬)자가 속칭 '삽사리'라고 되어 있을 정도로 그 수가 많았다. 우리 민족의 삶과 밀접한 관계를 맺고 있는 개다.

삽사리를 사육해본 경험자에 의하면 삽사리는 다른 동물에 대해서는 용맹스럽고 투지가 넘치나, 기르는 주인에 대해서는 다정다감하고 잘 따른다고 한다. 삽사리의 성품 가운데 빼놓을 수 없는 것이 있다.

새로운 주인에게 쉽게 적응하는 서양 개와 달리, 어릴 때 정을 준 주인을 기억할 뿐 아니라 그에게 참으로 충직하다는 것이다. 한국적인 기질을 잘 이어받은 증거라 하겠다.

16. 비글(Beagle)

- 원산지 : 영국
- 용도 : 토끼 사냥개(프랑스 등지에서 여러 마리를 동원하여 멧돼지 사냥에 쓰인다.)
- 출현시기 : 고대 그리스부터 사냥, 1066년 잉글랜드 등장, 1895년 비글 클럽 결성
- 키 : 33~38cm
- 체중 : 10~14kg
- 성격 : 명랑 쾌활 · 표현력 다양

■ 역사

고대 그리스 때부터 산토끼 사냥에 이용되었다. 1066년 잉글랜드에 전해졌고 그 당시는 몸집이 지금보다 작았다. 1895년 영국에서 비글 클럽이 결성되었고 몇 년 뒤 미국에 전해졌다. 비글(Beagle)이라는 이름은 '우렁차게 짖는다.'는 뜻 또는 '작다'를 나타내는 프랑스어에서 유래하였다는 설이 있다.

외모 근육질 몸 · 깊은 흉심 · 경쾌한 주력 · 우렁찬 음성 · 매력

적인 색상 등 타고난 사냥꾼으로써 적합한 체형을 가지고 있다.

■ 특징

작고 야무진 체구에 단단한 근육질 몸을 갖고 있다. 흉심이 깊어 달리기를 좋아하고 지칠 줄 모른다. 깔끔하고 영리하며 귀여운 외모가 눈길을 끈다. 유명한 애니메이션 영화의 캐릭터 '스누피' 모델로 인기가 많다. 체구가 작아 풀숲에서 토끼를 쫓을 때 눈에 쉽게 띄도록 꼬리 끝이 흰색으로 개발됐다.

일부 거칠다는 사람도 있으나 그것은 예외일 수 있다. 약간의 교육을 받으면 꽤 신사적이고 온순하다. 애교도 많아 성견도 강아지처럼 어린이의 훌륭한 친구가 된다. 크기에 비해 성량이 우렁차고 풍부한데 이것은 풀숲에서 토끼를 쫓을 때 주인에게 알리기 위함이다.

• 털 : 짧고 촘촘한 털을 가지고 있다. 흰색, 검은색, 황갈색이 혼합되어 있으며 주로 브라운 계열의 그라데이션이 귀여움을 더한다. 더위에 약하고 추위는 대체로 견디는 편이다.

• 단점 : 음식을 탐하여 비만이 되기 쉽다. 음식 조절이 필요하고 주기적인 운동을 요한다. 귓병이 나기 쉬우므로 항상 청결하게 해줘야 한다.

V 엽견 관리

눈빛이 아름다운 골든 리트리버

Ⅴ 엽견 관리

① 임신과 출산

1. 임신

암캐는 만 1년이 되면 첫 발정을 시작한다. 그러나 최초의 발정기에 교미를 시켜서는 안 된다. 인간도 첫 월경이 곧 결혼적령기가 아닌 것과 마찬가지이다. 따라서 최초 1~2회의 발정은 그냥 넘겨보내는 게 상식이다. 발정기가 다가오면 암컷은 평소보다 털에 윤기가 나고 아름다워지므로 쉽게 짐작할 수 있다. 발정이 되면 약 3주일간 성기에 출혈이 발생한다. 교미를 허용하는 기간은 출혈 시작 후 10일째부터 3~4일 기간이다. 이 시기에 암컷은 특별히 강한 냄새를 발산한다.

교미는 보통 10~15분이지만 드물게 1시간을 넘기는 경우도 있다. 교미는 1회로 충분하며 암수 모두 건강하다면 수태율은 100%이다. 만약 원하지 않는 수컷과 교미했다 하더라도 도중에 무리하게 떼어 놓으면 암컷이 다치는 수가 있으므로 폭력을 쓰지 말아야

엽견의 출산과정에서 부모의 혈통 등 유전적인 문제에 관한 정보를 수의사에게 제공해 정확한 진단을 내릴 수 있도록 한다. 부모견을 면밀히 진찰하여 심각한 전염병이나 유전적 질환을 가진 자견의 출생을 막는 것이 필요하다.

한다.

교미한 지 1주일 이내라면 난포(卵胞)호르몬의 근육주사로 수정란의 자궁내 착상을 방해할 수도 있다. 그러나 여기에는 위험이 따르므로 수의사에게 맡기는 게 좋다. 특히 개의 자궁은 인간과 구조가 다르므로 절대로 중절수술과 같은 방법은 쓰지 말아야 한다. 만약 임신했다면 그냥 낳게 하고 다음 시기에 적절한 수컷을 택하도록 한다.

임신 징후가 뚜렷이 나타나 보이는 것은 5주일 이후부터이다. 임신기간은 평균 9주일(63일). 임신견은 식욕이 왕성해지므로 평소보다 소화가 잘 되고 영양을 충분히 섭취할 수 있는 사료를 공급해 줘야 한다, 임신 말기에는 위가 압박되므로 식사를 3회로 나누어 주는 것이 좋다.

운동은 질주, 도약 등 과격한 것만 피하고 제한하지 않아도 된다. 임신견을 운동을 시키지 않고 혼자 두면 오히려 난산의 위험이 있다. 출산 후 이유기가 다가오면 새끼들의 과도한 칼슘 섭취로 모견의 칼슘부족 현상을 초래할 수 있다. 따라서 출산 후 어미개에게 충분한 칼슘을 먹여야 한다. 멸치, 생선뼈 등을 사료에 섞어 주는 것이 좋다.

2. 출산

자궁으로부터 외부 세계로 나온다는 것은 단지 물리적인 변화만을 의미하는 것이 아니다. 신진대사는 물론 심장과 폐기능에 큰 변화가 초래되는 것이다. 이러한 변화에 적응하지 못하면 병이 생기거나 사망으로 연결되기도 한다. 산소 결핍이 되면 출산 과정에서 사망하는 경우도 생기므로 주의해야 한다.

유산 경험이 있거나 난산 가능성이 있는 어미개의 출산시에는 각별한 간호가 필요하다. 난산이나 경련 등 출산시의 위험을 항상 염두에 두고 있어야 한다. 출혈이 심하거나 녹색이나 녹흑색의 고름이 나오면 자견이 위험하다는 신호이다.

위급한 상황에서 즉각적인 조치를 취할 수 있도록 준비해두는 것이 좋지만, 옥시토신과 같은 자궁수축 유발 약물은 수의사의 처방없이 사용하면 위험할 수 있다. 자궁수축제를 지나치게 많이 사용하면 자견이 죽거나 어미개가 불임이 되기도 한다.

3. 강아지

신생기의 강아지에게 발생될 수 있는 각종 문제는 올바른 지식을 가지고 대처해야 한다. 임신 초기의 산소결핍이나 외상, 질병 등은 개에게 매우 치명적이기 때문이다.

또한 임신 중에 자견이 죽었을 경우에는 정확한 원인을 규명해서 같은 일이 반복되지 않도록 해야 한다. 부모견의 유전적 결함과 신체적 요인, 교배와 번식 과정의 문제점 등도 면밀히 관찰할 필요가 있다. 엽견의 임신과 출산에서 경험 많은 수의사의 도움은 매우 유익하다.

부모의 혈통 등 유전적인 문제에 관한 정보를 수의사에게 제공해 정확한 진단을 내릴 수 있도록 하고 부모견을 면밀히 진찰하여 심각한 전염병이나 유전적 질환을 가진 자견의 출생을 막는 것이 필요하다.

(1) 신생기(출생 ~ 3일)

강아지 사망의 50%는 신생기에, 30%는 임신출산 중에, 20%는 신생기 이후에 발생된다는 조사 결과가 있다.

신생기의 사망 원인은 온도와 습도, 위생, 영양, 외상 등 환경적 요소나 전염병, 선천적 신진대사 불균형, 산소결핍, 난산 등을 들수 있다. 특별한 이유없이 신생견이 죽었을 경우에는 출산 과정의 문제로 볼 수 있다.

저체중으로 인한 사망은 특별한 보살핌으로 막을 수 있다. 분만은 통풍이 잘 되는 깨끗하고 따뜻한 곳이 좋고, 수의사의 도움을 받으면 난산시에 적절한 대처가 가능하다.

이 때 모견의 출산경력을 알아두는 것도 도움이 된다. 분만 후에는 자견이 어미의 초유를 충분히 섭취할 수 있도록 하여 전염성 질환을 예방하도록 한다.

(2) 성장기

주위에 대한 관심이 생기기 시작하고 활동이 많아져서 사고 위험성도 높아진다.

출생 후의 초유 섭취가 부족한 경우에는 전염병에 걸릴 위험이 있으므로 조심해야 한다. 운동력, 청력, 지각력이 발달하며 체온 조절과 배설 기능도 성숙되는 시기이다. 때문에 안정되고 깨끗한 환경을 제공해 주어야 한다.

기생충을 관리해주고 예방접종을 하며 이유식을 시도해 본다. 이 때는 과체중이 아닌지도 살펴야 한다.

지나친 체중 증가는 전문 수의사와 상담을 통해 적절한 조치를 취해야 한다. 과체중은 저체중 못지않게 심각하다.

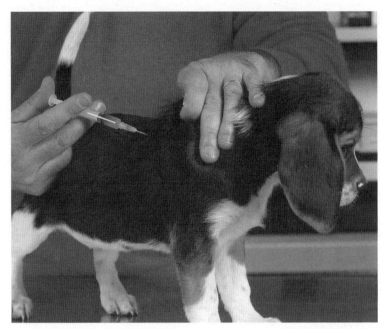

강아지의 건강관리를 위해 예방접종 시기를 미리 알아두는 게 중요하다.

② 엽견의 질병

1. 파보바이러스

파보바이러스는 1978년부터 세계적으로 알려지기 시작한 전염성 바이러스이다. 고양이의 전염성 위장염과 유사하며 모든 연령의 개에게서 발생하고 있다.

최근에는 주로 생후 6주 ~ 6개월 정도의 강아지에서 돌발하고 있는데, 장염, 구토, 발열, 식욕부진, 의기소침 등의 증상을 나타낸다. 전염성과 폐사율이 높은 점도 특징이다. 파보바이러스는 자연 상태에서 생존력이 강하고 크므로 완전히 박멸한다는 것은 거의 불가능하다. 따라서 예방이 최선의 방법이다.

파보바이러스가 몸에 들어옴으로써 발병하며 체내 잠복기는 3일에서 1주일 정도이다. 장염과 심근염의 두 가지 형이 있으며 심근염은 모견의 집단 면역으로 발생이 줄어들었다. 증상은 알려진 바와 같이, 급작스런 설사(혈변, 악취), 구토, 의기소침 등으로 나타난다. 예방은 파보바이러스 단독백신과 혼합백신이 있으나,

단독백신보다는 혼합백신을 사용하는 것이 좋다. 모체항체가 남아 있는 시기에는 원칙적으로 백신을 접종할 필요가 없다.

그러므로 어미의 초유를 많이 섭취한 강아지일수록 저항력이 높다. 모체 항체가 떨어지는 시기에는 파보바이러스의 감수성과 백신에 대한 반응이 높아지므로 감염될 가능성이 있다. 또 이 시기에 예방접종을 해도 파보장염이 오는 경우는 모체이행항체가 상당 부

■ 강아지 예방접종 프로그램

종합백신 접종	DHPPL	홍역＋전염성간염＋파보장염＋파라인플루엔자＋렙토스피라	※ 기초접종 : 생후 6주부터 2주, 3주, 4주 간격으로 3회 이상 접종 ※ 추가접종 : 1년 1회 이상 접종
	Bordetella bronchiseptia (켄넬 코프)		
	Corona Virus (코로나 장염)		
광견병 백신접종	생후 12주 1차 접종 후 매 6개월마다 추가 접종		
심장사상충 구충	혈액 검사 후 모기 발생시기에 월 1회 구충		
내부기생충 구충	생후 2~3주 1차, 감염정도에 따라 4~12주 간격으로 구충		

분 남아 있는 상태에서 예방 접종을 하여 면역성이 생기지 않았기 때문이다.

이를 예방하는 방법은 생후 6~8주경에 첫 백신 접종을 하고, 이후는 수의사의 지시를 따라 3주 간격으로 4~5회 접종하면 된다.

파보바이러스는 감염된 개의 분변, 눈물, 콧물 등을 통해 배출된 바이러스가 체내에 들어옴으로써 감염된다. 특히 강아지에서 모체 이행항체가 떨어지는 시기에 발생하여 치명적인 결과를 초래하므로 철저한 예방이 중요하다.

간혹 동물병원 임상에서 혈변과 구토만 있으면 파보바이러스라고 단정하는 경우를 많이 보게 되는데, 혈변을 동반하는 코로나장염, 로타장염, 콕시듐증과 같은 질병과 감별이 중요하다. 파보장염은 치료와 회복이 까다롭고 결과가 치명적일 수 있으므로 예방과 위생 관리가 무엇보다 중요하다.

2. 개홍역

전염성이 강하고 폐사율이 높은 바이러스성 전염병이다. 초기에는 눈꼽과 구토, 누런 코를 흘리다가, 후기에는 신경증상이 나타나며 발바닥 혹은 코끝이 갈라지는 경우도 있다. 한번 발생했던 견사는 감염이 되어 있으므로 반드시 소독해야 한다. 힘들여 구입한 강아지가 신경성 홍역을 한번 앓고 나면 엽견으로서의 가치를 상실하게 되므로 주의해야 한다.

주요 증상으로는 바이러스에 감염된 지 4일째에는 1~2일간 지속되는 열과 식욕 감퇴, 결막염을 유발하여 눈꼽이 낀 후 회복되거나, 이차적 증상을 나타낸다.

이차적인 증상은 14~18일째에 고열, 의기소침, 식욕부진의 증상을 보이다가 피가 섞인 염증성 분비물을 흘리거나 이로 인한 호흡곤란, 구토, 설사, 체중감소로 인해 폐사하게 된다. 신경 증상으로는 발작, 선회운동, 정신적 변화, 보행 이상 또는 뇌염 증상이 나타나며, 시신경 장애로 장님개가 되기도 한다.

치료는 이 병의 경과에 큰 영향은 미치지 못하니 전문가와 상의하는 것이 좋다. 예방접종만이 장님개가 되지 않게 하는 최선의 방법이다.

3. 바이러스성 호흡기병

여러 가지 바이러스로 전염되는 기관지염을 말하며, 보통 개에 빈발하는 질병으로 '캔넬코프'라 부르기도 한다. 이 병은 우리나라에도 전파돼 많은 엽견들의 호흡기를 괴롭혔다.

때로는 이차적인 감염으로 폐사까지 가는 경우도 있었다.

주요 증상으로는 일시적인 기침, 특히 사람의 해소기침처럼 기침하며 발열, 식욕부진이 따른다. 자연 치유되는 경우도 있으나 정기적인 종합백신의 추가 접종만이 유효하다.

엽견에 있어서는 장기간의 운송과 일시적인 운동량의 증가로 인해 사냥 시즌이 끝난 후 병원을 찾는 경우가 많다. 이를 방지하기 위해서는 사냥 시즌 15일 전에 종합백신을 접종하여 질병에 대한 면역을 키워 주는 것이 좋다.

4. 심장사상충

심장에서 기생하는 기생충으로 모기에 의해 감염된다. 이 질병에 감염된 사냥개는 기침, 호흡곤란, 무기력증, 식욕부진, 피오줌을 배설하는 증상을 보이다 갑작스럽게 죽음을 맞게 된다.

주로 모기가 많은 여름철에 발병하는 특징이 있으며, 국내 사냥개 중 30% 정도가 감염됐을 것으로 추정되고 있다. 심장사상충은 사상충과에 속하는 다이로필라리아이미티스에 의한 질병이며, 성숙된 심장사상충은 우심실과 폐동맥 내에서 발견된다.

때로는 복강, 기관지, 뇌, 눈과 같은 조직에서 발견되기도 한다. 질병에 쉽게 감염되는 연령층은 최고의 성능을 발휘할 수 있는 4~7세

심장사상충의 예방은 모기를 추방하는 일이다. 견사를 청결하게 한 후 주변을 소독하여 모기가 접근하지 못하도록 하는 게 중요하다.

이며 모든 연령층에서 감염이 확인되고 있다. 발병 원인은 관리가 제대로 안된 사육장, 실내 견사보다 실외 견사가 4~5배 높은 감염율을 기록한다.

(1) 사상충의 형태와 생활

성충은 길고 가는 몸체(12~30cm)로서 회충과 비슷하게 생겼다. 몸체가 가는 것이 특징이며 성숙된 암컷은 신장에서 기생하여 마이크로필라리아라고 불리는 유충을 생산한다. 이 유충은 말초혈관 내에서 발견되며 크기는 290~340마이크론 정도이다. 이러한 마이크로필라리아를 모기가 전염시키고 있는 것이다.

유충은 3개월이 되면 심장사상충으로 성장하여 우심실과 폐동맥쪽으로 이동, 더욱 왕성하게 자란다. 그 후 5~6개월이 지나면 또 다시 마이크로필라리아라는 유충을 낳게 되는 것이다.

(2) 증상 및 검사방법

심장사상충은 수의사와 상담하여 검사하여야 한다. 그러나 일반인도 세심하게 관찰하면 어느 정도 짐작할 수 있다.

우선 사냥견이 침울하고 활기가 떨어진다. 수색 능력이 저하되고 잘 움직이려 하지 않는다고 하면 이 때 심장사상충 감염을 의심하여야 한다.

검사 방법은 혈액내의 유충을 현미경으로 검사하는 방법과, 심장사상충으로부터 분비되는 항원을 검사하는 방법이 있다.

(3) 예방과 치료

심장사상충의 예방은 모기를 추방하는 일이다. 견사를 청결하게 한 후 주변을 소독하여 모기가 접근하지 못하도록 한다. 모기가 극심한 계절은 모기향을 피워 모기의 접근을 막거나 실외 견사의 경우 모기장을 설치한다.

그 밖에 모기가 발생하는 하절기 전에 감염 여부를 확인한 후 음성인 경우 한 달에 한 번씩 예방약을 투여하여야 한다. 그러나 감염된 경우에는 예방약을 투여해서는 절대로 안 된다.

심상사상충의 치료는 새로운 약재의 개발로 치료율을 높일 수 있게 됐으나 장기 치료를 하여야 한다. 치료기간 중에는 과도한 활동을 중지하여야 하므로 사냥을 하여서는 안된다.

5. 진드기

하절기에는 우리 나라 어느 산에서나 흔하게 진드기를 발견할 수 있다. 바로 이 진드기의 위험을 헌터들이 무심코 지나치는 경우가 많지만 명 엽견으로 자라는 데 지장을 주기도 한다.

진드기가 엽견의 앞가슴 혹은 샅에 붙어 피를 빨아먹는 도중에 바베시아라고 불리는 원충을 엽견에게 옮겨 적혈구를 파괴시키고 빈혈, 황달, 피오줌을 싸게 만든다.

과도한 빈혈로 인하여 사냥중 활력 감소를 초래하므로 엽견으로서 가치를 상실하게 된다. 예방은 산행후 약욕을 시키거나 진드기 예방용 목걸이를 반드시 채워 줘야 한다. 만일 엽견에서 진드기를 발견한 적이 있다면 동물병원에서 혈액 검사를 받아볼 필요가 있고, 경남, 전남, 제주 등 남쪽의 따뜻한 지방에 출입한 경우에는 필히 진드기 검사를 실시해야 한다.

6. 농약의 중독

가끔 엽견이 농약 등에 중독된 사체를 먹음으로써 중독되는 경우가 있다. 모든 중독의 치료 원칙은 제일 먼저 흡수를 방지하는 것이다.

실제 엽장에서의 중독에는 해독제가 헌터들의 배낭 속에 들어 있으나 사용치 못하고 나중에 병원에서 이야기하면 그 때서야 후회하는 경우가 많다. 헌터들의 배낭 속에 들어 있는 해독제는 바로 조미료이다. 이 조미료를 따뜻한 물에 충분히 녹여서 먹이면 엽견은 반드시 토하게 되어 있다.

조미료의 화학구조는 해독제와 유사하다. 조미료가 없을 때에는 소금을 한 수저 정도 혀 뒤에 넣어주는 방법도 있다.

일단 이러한 응급조치를 받은 엽견은 가까운 병원으로 신속하게 이송하면 살아날 가능성이 높다.

❖ 풀씨로 인한 엽견의 피해와 예방

수렵시즌에 남쪽 지방에 다녀온 엽견 중에서 야생 풀씨로 인한 피해가 속출하고 있다. 수렵을 마치고 며칠이 지나면 갑자기 목이 부어오르고 열이 나며 보행에 장애를 초래하는 일이 있다. 방치하면 점점 증세가 심해지며 종창이 생기고 화농하여 고름이 나오기도 한다. 이 때 살펴보면 종창 속에서 고름과 함께 야생 풀씨가 나오게 된다. 눈에 풀씨가 들어간 경우에는 심한 가려움 때문에 몹시 긁으며 눈에서 고름이 나오기도 하므로 속히 치료를 하지 않으면 실명할 우려가 있다. 입으로 들어간 경우에는 사료를 제대로 먹지 못하며 활기가 없고 입에서 냄새가 나 계속 침을 흘리면서 고통스러워한다. 이 모든 피해의 원인이 화본과 목초식물의 씨앗 때문인데, 여러 종의 풀씨 가운데 보리털처럼 까끄라기가 있는 것이 주범이다.

끝이 뾰족하고 딱딱한 3~4mm의 열매에 역방향으로 침과 같은 긴 털이 나 있어서 옷이나 엽견의 모질에 잘 달라붙는다. 이 까끄라기는 움직이거나 털면 계속 한 방향으로 파고들어 피부를 헐게 하여 화농과 결체조직을 형성하는 특징이 있다. 이러한 까끄라기는 제주도와 거제도 등 남쪽 섬 지방의 목장지대나 들판에 밀생하므로 그 지방에 출렵하는 헌터는 피해를 볼 가능성이 높다. 겨울에 서리나 눈이 오면 줄기가 말

라서 눕게 되므로 덜 심할 수도 있으나 가뭄이 심한 경우에는 오랫동안 땅위에 줄기가 서 있어서 피해가 심하다. 제주도에는 야생 풀씨 외에도 섬지방 특유의 가시식물로 인한 피해사례도 보고 되고 있는데 한쪽 눈이 실명된 엽견도 있다. 이 가시는 자동차의 타이어까지 뚫을 수 있으므로 차를 운행하는 헌터들의 주의를 요하고 있다.

❖ 예방책

(1) 수렵이 종료되거나 휴식할 때 엽견의 목과 눈을 잘 살펴보고 이
   물질이 붙어 있으면 제거해 준다.

(2) 엽견의 온몸을 빗으로 빗어준다.

(3) 엽견 중에 모질이 거칠거나 지방이 많아서 윤이 나는 견종은 풀
   씨의 피해를 덜 받을 수 있지만, 모질이 길거나 부드러운 견종은
   피해를 입을 가능성이 많으므로 잦은 점검이 필요하다.

(4) 엽견을 물속에 자주 들어가게 하여 풀씨가 물에 젖게 한다. 이 방
   법은 피부에 파고 들어가는 것을 방지할 수 있다. 입안에 들어 있
   는 풀씨는 물을 자주 마시도록 하여 피해를 예방할 수 있다.

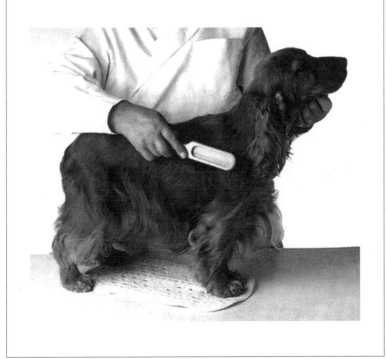

③ 엽견의 먹이 공급

1. 애견사료 선택

애견산업이 폭발적으로 성장하면서 시중에 나와 있는 개사료의 종류만 해도 수백 가지에 이른다. 이런 와중에서 처음 엽견을 구입한 헌터는 어떤 사료가 가장 좋은가라는 물음에 자신있게 대답하기 힘들다.

엽견사료는 일반적으로 수분 함량에 따라 건조사료, 반습식사료, 통조림사료 등으로 구분된다. 건조사료는 건조고형성분이 87% 이상으로, 영양이 농축돼 있다. 먹이기에 편하며 치아 건강에 도움이 되고 소화가 잘 되는 것으로 알려져 있다. 반습식사료는

성견이 될 때까지 잘 먹는 제품만을 선호하면 영양과다로 비만견이 될 수 있다.

건조고형성분이 65% 정도로 입맛이 까다롭거나 치과질병이 있는 엽견에 적합하다.

통조림사료는 건조고형성분이 25% 정도로 기호성이 좋으나 값이 비싸 질병과 입맛이 떨어진 애견에게 필요에 따라서 공급할 수 있다.

엽견은 성장단계별로 영양소 요구량이 변화하므로 이를 감안하여 먹이를 공급하여야 한다. 초보헌터들은 엽견이 잘 먹는 제품만 먹여 비만견이 되지 않도록 주의해야 한다.

(1) 영양소

동물이나 사람은 체력을 유지하기 위해 탄수화물, 단백질, 지방, 아미노산, 비타민, 기타 영양소를 필요로 한다. 탄수화물과 단백질, 지방은 에너지를 공급하는 것으로 알려져 있다.

지방은 개에게 중요한 에너지원이 되며 지방이 소화되면 탄수화물에 비해 2배 정도의 에너지를 제공한다. 단백질은 탄수화물과 지방섭취량이 충분한 상황에서 체격을 유지하고 형성하는 데 이용된다.

또한 에너지를 공급하는 기능을 수행하기도 한다. 식물로부터 얻는 탄수화물은 다양한 영양소로 변화되는데 쌀, 옥수수, 밀이 가장 소화하기 쉬운 탄수화물원이다.

가. 단백질

단백질은 식물성과 동물성에 모두 포함되어 있다. 식물성단백질은 싱싱한 잎사귀나 씨앗 등에서 발견되며 옥수수알갱이나, 밀 혹은 콩에도 포함돼 있다.

동물성 단백질은 모든 동물에서 쉽게 발견된다. 단백질은 뼈와 인대, 머리카락, 피부, 기관 및 신경의 구성 요소가 된다. 엽견의 체내에서 소화된 후 아미노산으로 분해되므로 결국 단백질의 공급 목적은 필요한 아미노산을 얻는 데 있다고 할 수 있다.

단백질은 대개 22종의 아미노산으로 구성된다. 이 중 11개는 개의 몸에서 충분히 생산되지 않는다.

이를 필수아미노산이라고 부르며, 필수아미노산은 외부에서 공급받아야 한다.

나. 지방 / 탄수화물

지방은 비타민 A, D, F 와 같은 지용성비타민의 흡수와 피부, 모질의 건강, 세포조직의 건강에 중요한 영양소로, 1차적인 공급 목적은 엽견이 활동하는 데 필요한 에너지를 공급하는 데 있다.

따라서 활동을 많이 하는 개일수록 더 많은 지방 섭취가 필요하다. 그러나 애견이 잘 먹는 것만을 생각해 고지방의 먹이를 계속 주면 비만해질 가능성이 높다. 탄수화물도 지방처럼 활동에너지 공급에 목적이 있다. 일반적으로 탄수화물 원료로는 옥수수, 밀, 쌀이 이용되며, 쌀은 소화율이 좋아 사용량이 늘고 있다.

탄수화물이 섭취되어 체내에 들어가 최종적으로 분해·흡수되면 혈당이라 부르는 글리코겐이 되어 혈류를 따라 전신에 공급된다. 사용하고 남은 다량의 글리코겐은 지방이 되어 이 또한 비만의 원인이 된다.

다. 기타 영양소

섬유질은 소화기관이 정상적으로 작동하도록 하는 기능을 하며 사탕무 펄프가 주원료로 사용된다. 비타민과 미네랄은 신진대사와 체조직의 기능 수행에 있어서 촉매가 된다. 비타민은 소량으로도 중요한 기능을 수행하기 때문에 제품 선택시 자세하게 살펴보아야 한다.

수분은 애견의 몸을 구성하는 성분 중 대부분을 차지하며 가장 중요한 영양소이다. 단백질, 지방, 탄수화물이 부족해도 당장 죽지는 않지만 물의 공급이 중단되면 탈수로 인해 죽을 수도 있다.

강아지가 생명을 잃는 결정적인 이유도 탈수인 경우가 많다. 물을 충분히 먹지 못하는 애견은 성격이 거칠고 피부와 모질이 나빠지게 되므로 항시 맑은 물을 마실 수 있도록 해주어야 한다.

라. 사료제품의 성분표시

제품들이 표시하고 있는 영양정보를 보면 '조'가 붙어 있는데, 소화가 가능한 물질과 불가능한 물질을 동시에 포함하고 있다는 뜻이다.

성분표에는 조단백질, 조지방, 조섬유, 조회분, 칼슘, 인 등이 필수적으로 기재돼야 한다. 제품의 성분비에서 조단백질, 조지방, 칼슘, 인은 사료에 포함된 영양소의 최소치이며, 조섬유와 조회분은 최대치를 나타낸다.

많은 사람들이 고단백질이 저단백질 사료에 비해 더 낫다고 생각할 수 있지만 반드시 그런 것은 아니다. 또한 저단백, 저지방 사료는 고단백, 고지방 사료와 같은 양으로 먹이는 경우도 있는데, 이는 비만을 초래할 우려가 매우 높다.

(2) 사료의 등급

사료의 원료나 성분에 의해 보급형, 프리미엄급, 슈퍼프리미엄급, 퍼포먼스급 등으로 분류된다.

보급형 제품은 옥수수나 밀, 콩 등 곡물의 함량이 높고 고기류의 함량이 낮다. 또한 적정한 가격대에 걸맞게 고만고만한 영양성분이 함유돼 있고 식물성 단백질(콩)이 많이 함유돼 있는 점도 특징이다.

영양성분은 조단백질 19%, 조지방은 8% 등의 수준에서 함유돼 있다. 일반적으로 판매되는 사료 중 가장 손쉽게 접할 수 있는 제품들이다. 대부분의 개들이 일반 사료를 먹고도 별 문제없이 성장하고 있다.

프리미엄급 제품은 일부에서만 식물성 단백질(콩 등)을 포함하고 있고 대부분 동물성 단백질을 사용하므로 상당히 높은 수준의 단백질원을 함유하고 있는 등급이다.

슈퍼프리미엄 제품들과 비슷한 원료를 사용하며 조단백질 21%, 조지방 10% 등의 수준으로 영양이 함유돼 있다.

고기가 주원료이며 소화를 돕기 위해 곡물가루와 콩이 엇비슷한 비중으로 포함돼 있다. 슈퍼프리미엄급 사료는 25% 조단백질, 15%의 조지방으로 이뤄져 있다. 원료는 닭고기나 가금류가 주로 사용되며 옥수수나 밀을 일부 사용하는 제품도 있다. 따라서 대부분의 슈퍼프리미엄급 제품들은 동물성 원료만으로 높은 조단백질과 조지방을 함유하기 위해 고품질의 육류나 글루텐 곡물을 사용한다.

이밖에 슈퍼프리미엄급 사료는 캔으로 포장되기 어렵다. 높은 수분함량을 유지하면서 동시에 충분한 에너지를 내도록 하기 어렵기 때문이다. 슈퍼프리미엄 사료는 펫스토어나 사료전문점에서만 취급한다.

퍼포먼스급 사료는 가장 희귀한 제품이다. 이들은 주로 활동적인 개를 위해 디자인돼 사냥개에게 적합하다.

이 제품들은 동물성 원료를 주로 사용하며 30%대의 조단백질과 20%의 조지방 등으로 구성돼 있다. 이 제품에 사용되는 원료는 슈퍼프리미엄과 유사하다.

(3) 브랜드

모든 개들은 각기 특유의 브랜드에 적응하게 마련이다. 따라서 개에게 적합한 브랜드를 고르기 위해선 다양한 브랜드의 제품을 체험해 보는 과정을 거쳐야 한다.

먼저 즐겨 먹는 먹이를 눈여겨 보라.

대체로 개들은 소화하기 쉽고 적정한 비율이 변으로 배출되는 음식을 원할 것이다. 이를 확인하기 위해선 먹이를 교체한 후 1주일 동안 면밀하게 관찰하는 과정을 거쳐 보면 된다. 시간이 차츰 경과함에 따라 개의 털에 윤기가 흐르고 건강해 보이면 그 사료를 선택하도록 한다.

이 밖에도 개 사료의 원료와 설명서를 살펴보는 것도 중요하다. 개가 먹고 싶어하는 사료를 선택하는 것도 중요한 선택 요소이다. 대부분의 개가 특별하게 선호하는 사료유형이 있다. 만약 개가 잘 먹는 사료라면 거기엔 틀림없이 그 개가 필요로 하는 영양소가 함유돼 있을 것이다.

사료의 맛은 첨가되는 향료뿐 아니라 함유돼 있는 영양성분의 기능으로도 나타나기 때문이다. 정확한 결론을 얻고자 한다면 2가지 브랜드의 제품을 가져다 주고 개에게 먹여봄으로써 그 개의 식성을 발견할 수 있다.

(4) 가격

모든 개에게 비싼 고단백 고지방 사료를 먹여야 할까? 일반적으로 품질이 뛰어나고 비싼 사료는 궁극적으로 값싼 사료에 비해 총 비용을 절감시켜 준다고 한다.

왜냐하면 영양이 높은 사료는 소량으로도 높은 효과를 내기 때문이다. 실제로 미국에서 실시한 실험에서 40파운드의 개에게 1일 24센트 어치의 슈퍼프리미엄 사료를 먹이면 26센트의 프리미엄 사료와 31센트의 보급형 사료를 먹인 것과 비슷한 효과를 거둔 것으로 나타났다.

보급형 사료는 슈퍼프리미엄 사료에 비해 3.5배의 양을 먹여야 슈퍼프리미엄과 비슷한 수준의 영양을 섭취할 수 있다. 대체로 슈퍼프리미엄과 프리미엄 사료는 1일 총비용을 절감시켜주고 더 나은 효과를 거둘 수 있도록 해준다.

많은 돈을 주고 사료를 산다 해도 더 적게 먹임으로써 비용을 절감할 수 있게 되는 것이다.

일부 프리미엄 사료는 슈퍼프리미엄 사료와 가격이 엇비슷해 슈퍼프리미엄과 거의 구별하기 힘든 경우도 있다.

그러나 영양소에서는 분명한 차이가 있다.

이를 주의깊게 체크 하여야 하며 높은 가격에 현혹되지 말아야 한다.

2. 엽견 사료 현황

(1) 퍼포먼스급 제품이 주류

국내 애견사료시장은 퍼피(Puppy), 어덜트(Adult), 시니어 (Senior), 라이트(Light), 퍼포먼스(Performance) 등으로 분류되어 출시되고 있다. 엽견이나 활동견을 대상으로 하는 사료는 퍼포먼스급이지만, 상당수의 애견인들이 성견이 된 이후에도 강아지때부터 먹여온 고영양의 퍼피 제품을 먹이므로 퍼피 제품의 비중이 가장 높다.

전체 사료시장에 퍼포먼스급 제품들이 차지하는 비중은 대략 5~7%로 추산되고 있다. 외국에 비해서 아직 초창기 수준인 것으로 알려졌다. 국내 엽견의 수가 대략 2~3만 마리로 추정되고 있는 현실과도 다소 동떨어진 것이다. 수렵시즌 이외에는 엽견의 활동이 적고, 훈련소에서도 값싼 사료를 선호하고 있어 값비싼 퍼포먼스급 사료의 보급을 제한하고 있는 것으로 보인다. 하지만 점차 고급사료에 대한 인식이 개선되고 있어 향후 유망한 시장이 될 것으로 기대되고 있다.

(2) 수입품과 국산품이 경쟁

애견 사료시장이 IMF 이후 매년 20~30%씩 성장하면서 국내 기업들이 가세하고 있으나 수입사료도 매년 증가해 2001년 수입

회 사 명	제 품 명	중 량	판매가	원산지	구입처
대상사료	필드스타	9kg 18kg	18,000 33,000	한국	031-677-5771
대한사료	프로베스트	8kg 15kg	22,000 30,000	한국	02-752-5336
우성사료	넥스탑 퍼피 넥스탑 애플	17kg 15kg	28,000 15,000	한국	041-742-8339
제로니드림스	스프린터 리갈퍼피	9kg	22,000	한국	031-236-3855
대산물산	에이엔에프 퍼포먼스	1.5kg 7.5kg 15kg	12,000 35,000 65,000	미국	02-548-8186
두원실업	뉴트로초이스퍼포먼스	15kg 15kg	55,000 55,000	미국	02-699-7575
성보사이언스	액티브 포뮬라	40(18kg) 50(22kg)	49,000 52,000	미국	02-322-0981
에드워드켈러	유카누바 프리미엄	15kg 20kg	49,000 52,000	미국	02-3440-0530
펫토피아코리아	프로퍼먼스 프로파워	15kg	49,000	미국	031-794-4056
퓨리나코리아	프로플랜 퍼포먼스	17kg	55,000	미국/호주	02-561-3210
한국마스타푸드	어드벤스 에너지	1.5kg	10,000	호주	02-3218-9898
F&B인터내쇼날	SPOT ON 4K9 PREMIUM LAMB&RICE	22.7kg	66,000	호주	02-9388-0712

량은 전년대비 38.3% 증가한 1만7,188톤에 달했으며 금액도 40% 증가한 1,974만 달러를 기록했다.

가격강세 현상이 유지되고 있으며, 국가별로는 미국과 호주에서 수입되는 양이 가장 많은 것으로 나타났다. 국내 사료업체들이 애견시장에 진입한 90년대 후반까지 외국기업들이 일찍부터 강세를 보였다. 퓨리나의 '프로플랜', 에드워드켈러의 '유카누바', 성보 사이언스의 '액티브 포뮬라' 등이 90년대 중반부터 판매되면서

■ 사료별 성분비

제 품 명	조단백	조지방	조섬유	조회분	칼슘	인	원 료
프로플랜 퍼포먼스	30.0	20.0	3.0	7.0	0.90	0.70	닭고기, 콘글루텐밀, 쌀, 우지, 가금부산물 등
스프린터	30.0	15.0	4.0	10.0	1.2	0.8	계육, 쌀, 곡물류, 각종 비타민류
넥스탑 퍼피	27.7	15.0	6.0	10.0	1.0	0.8	계육, 계육분, 쌀, 곡물류, 각종 비타민류 등
넥스탑 애플	23.3	8.0	6.0	10.0	1.0	0.8	계육, 계육분, 쌀, 곡물류, 각종 비타민류 등
SPOT ON 4K9 PREMIUM LAMB&RICE	27.0	12.1	3.5	8.0	2.2	1.3	양고기, 쇠고기, 쌀, 밀, 홍화기름, 아마기름, 식물성단백질, 각종 미네랄과 비타민 등
어드벤스 에너지	30.0	20.0	5.0	10.5	1.2	0.92	닭고기, 가금부산물, 야채단백질 농축 쌀, 옥수수가루, 계유, 비타민 등
프로퍼먼스 프로파워	20.0	20.0	2.0	6.5	1.1	0.9	닭고기, 쌀, 옥수수, 사탕무 펄프, 옥수수글루텐, 비타민 등
유카누바	30.0	20.0	4.0				닭고기, 닭 부산물, 옥수수 가루, 통수수 가루, 사탕무우, 펄프, 비타민 등
프로베스트	30.0	16.0	3.0	12.0	1.0	0.8	쌀, 육골분, 닭고기 및 닭부산물, 닭기름, 옥수수, 우지, 비타민 등
뉴트로초이스 퍼포먼스	30.0	20.0	3.5	8.0	0.9	0.7	건조닭고기, 쌀가루, 옥수수글루텐, 가금, 해바라기 기름, 건조새끼양고기, 오트밀, 비타민 등
액티브 포뮬라	30.3	27.2	2.0	5.5	0.95	0.78	옥수수, 닭, 동물성지방, 비트펄프, 식물성기름, 계란, 비타민 등
에이엔 에프 퍼포먼스	20.0	20.0	3.0	7.0	1.36	0.92	닭고기, 쌀, 옥수수, 닭기름, 밀, 사탕무우, 펄프, 계란, 비타민 등
필드스타	30.0	15.0	4.0	11.0	1.2	0.9	곡물류, 동물성단백질류, 곡물부산물, 유지류, 인산칼슘, 식염광물질류 등

퍼포먼스급 애견사료시장을 주도하고 있다.

이후, 애견사료시장이 폭발적인 성장은 수입제품들의 종류도 대폭 늘렸다. 대산물산의 '에이앤에프(ANF)', 두원실업의 '뉴트로 초이스', 펫토피아코리아의 '프로퍼먼스 프로파워', 한국마스타 푸드의 '어드벤스 에너지', F&B인터내쇼날의 'SPOT ON 4K9 PREMIUM LAMB&RICE' 등이 나와 제품의 다양화와 고급화로 시장을 파고 들고 있다.

국내 기업중 퍼포먼스급 제품을 판매하고 있는 회사는 제로니드 림스(제일제당에서 분사), 대상사료, 대한사료, 우성사료 등 대기업들이 중심을 이루고 있다. 대체로 국내에서 판매되는 엽견 사료의 성분비는 조단백질 30% 이상, 조지방 20% 이상이며 조섬유, 조회분, 칼슘, 인 등의 성분비는 업체별로 다소 차이가 있다.

전문가들은, 성분비는 사료의 특성을 나타내는 부분이므로 주의 깊게 읽어볼 것을 권유한다. 제품에 사용된 원료와 함께 소화율 등을 결정하는 중요한 지표가 되기 때문이다.

대체로 국내 엽견사료시장은 가격과 원료에 의해 외산사료와 국산사료로 이분화되는 양상을 보이고 있다. 외산사료와 국산사료의 첫 번째 차이는 고기의 함량에서 나타난다.

양고기 등은 국내에서 거의 생산되지 않으므로 국내 기업들은 원재료 조달에서 상대적으로 어려움을 겪는 것으로 알려졌다. 다만, 국내에서 풍부하게 생산되는 원재료는 신선도에서 앞서므로 국내 기업들은 신선도 측면에서 외산제품보다 앞선다고 주장하고 있다.

헌터들에 따르면 초기에 국산제품의 소화율이 수입품에 뒤져 가격에 비해 효율이 낮았으나 점차 기술적 발전으로 인해 간격이 좁혀지고 있는 것으로 평가하되 있다. 따라서 현재 수입품에 비해 가격이 20~30% 저렴한 국산사료가 수입품을 맹추격하는 양상을 보이고 있다.

(3) 퍼포먼스급 대중화 예상

사료기업들은 2003년부터 퍼포먼스급 제품의 보급이 대중화될 것으로 기대하고 있다. 하지만 아직까지 시장이 활성화되지 못해 신제품 출시는 많지 않은 양상을 보여 주고 있다.

우성사료가 고농축된 슈퍼프리미엄급 사료를, 펫토피아코리아가 엽견전용사료인 헌터스 스페셜(Hunter's Special, 22.7kg급 49,000원)을 새롭게 출시했다.

3. 엽견 먹이 공급요령

사냥활동을 수행해야 하는 엽견은 강인한 체력이 요구된다. 이러한 개를 목적에 맞게 기르기 위해서는 사냥개의 생리적인 특성을 알아야 하고 과학적으로 영양공급을 해주어야 한다. 사냥개의 신체조건과 가장 효과적으로 먹이를 공급해주는 요령을 간단히 소개해본다.

(1) 사냥개의 신체조건

훌륭한 사냥개가 되기 위해서는 5가지의 조건을 갖추고 있어야 한다.

첫째, 유전적으로 우수한 혈통이어야 한다.

둘째, 풍부한 골량과 균형잡힌 골격을 갖추어야 한다. 풍부한 골량은 건강한 적혈구의 생성을 왕성하게 해주어 체조직에 산소를 잘 공급해주므로 지구력이 좋고 피로 회복이 빠르다. 또한 균형잡힌 골격은 심한 운동을 할 때 동작을 원활하게 해주며 자세도 바르게 한다.

셋째, 근육층이 잘 발달돼 있어야 한다. 단단한 근육조직은 10가지 필수 아미노산 등의 영양소가 잘 배합되고 대사율이 높은 먹이를 통해 형성될 수 있다. 동시에 적당한 운동을 하면 근섬유층이 발달하게 된다.

넷째, 가슴이 깊고 크며 복부는 좁게 달라 붙어야 한다. 복부가 처져 있거나 위와 장의 용적이 크면 사냥개로 적당하지 못하다. 심장을 강인하게 하는 힘과 지칠 줄 모르는 지구력을 만들어 낸다.

다섯째, 늑골이 보일 정도로 날씬해야 한다.

위와 같은 다섯가지가 훌륭한 사냥개가 되기 위한 기본적 신체조건이다. 이러한 신체 조건을 가지고 있는 개를 어떻게 과학적인 훈련과 운동량을 유지하면서 알맞은 먹이를 공급하느냐에 따라 명견이 되느냐 안되느냐가 달려 있다고 해도 과언이 아니다.

(2) 강아지의 영양관리

강아지의 성장은 생후 1년 동안 이루어지며 처음 몇 달 동안은 급속하게 성장하기 때문에 이 시기의 영양 공급은 매우 중요하다. 이 기간 동안 골격 및 근육 형성, 모질, 질병에 대한 저항성 등을 갖추게 되며 이를 위해 성장기에 있는 강아지는 성견에 비해 체중 대비 2배의 영양을 필요로 한다.

강한 골격과 치아를 갖추고 원활한 몸의 기능, 맑은 눈, 빛나는 모질 그리고 건강한 성견이 되기 위해선 많은 영양을 요구하게 되는 것이다.

개의 일생에서 가장 큰 스트레스를 받는 기간은 성장기와 임신기인데, 이 시기에 강아지들의 영양공급도 매우 중요하다.

따라서 사냥개 강아지의 먹이는 농축된 영양 및 뼈와 근육 발달을 위한 최적의 배합, 내부 장기발달을 위해 최고의 영양을 함유하고 있는 제품을 선택하여야 한다.

(3) 사냥개를 위한 영양관리

개의 신체조건, 생리적인 상태, 계절적·환경적인 차이에도 불구하고 사냥개가 많은 운동을 하면 평소보다 더 많은 먹이를 요구

한다.

여기서 생리적인 활동은 근육의 복합적인 연속 운동을 뜻하는데, 먹이로 공급된 지방, 단백질, 탄수화물이 산화되어 근육활동을 위한 에너지가 된다.

증가된 영양 요구량만큼 비타민, 미네랄, 물 등 다른 영양소들도 활동을 위한 에너지를 이용하는 데 필요하다. 따라서 계절적으로 활동하는 개들은 계절 조건에 맞게 먹이를 공급해 주어야 한다. 사냥시즌과 비사냥시즌으로 나누어서 설명해본다.

가. 비사냥시즌

비사냥시즌에는 에너지가 낮은 일반 먹이로 점차 바꾸어 주어야 한다. 이 때 일반적인 먹이는 훈련 및 사냥할 때처럼 체중대비 똑같은 양을 공급해야 한다.

먹이 1kg에 최소한 단백질이 20% 이상, 3,572kcal 이상의 에너지를 함유한 영양적으로 완전하고 균형잡힌 먹이를 공급해 주어야 한다. 상품화된 먹이를 이용할 때는 기호성, 소화율, 영양율 등의 정보를 애견식품 회사로부터 얻는 것이 중요하다.

비사냥 시즌에는 사냥 시즌에 비해 체중을 조금 줄이는 것이 좋다. 크기가 같은 2마리의 사냥개인 경우, 그들의 몸무게는 근육과 지방비율에 따라 차이가 난다. 이런 관점에서 사냥개가 활동하지 않는 계절에 몸무게가 증가한다면 건강한 상태가 아님을 알아야

건강한 사냥개는 사냥중 보충먹이를 필요로하지 않는다. 애견용 스넥을 소량 공급하면 배고픔과 피곤함을 줄일 수 있다.

한다.

그러나 계절 및 온도에 따른 영향도 고려해야 한다. 예를 들면 추운 겨울에는 식욕이 왕성해지는 것이 일반적인 경향이다. 끝으로, 비사냥시즌 동안에는 매일 같은 시간에 같은 먹이를 주어 정상적인 컨디션을 유지하도록 해주어야 사냥 시즌에도 좋은 건강 상태를 유지할 수 있다.

나. 사냥시즌

사냥시즌에는 왕성한 활동을 하게 되므로 고칼로리 먹이를 섭취해야 한다. 이 때도 영양적으로 완전하고 균형잡힌 먹이여야 하며,

건식 식품의 경우 1kg당 최소 26% 단백질이 첨가된 사료이어야 한다.

칼로리는 3,858kcal 이상의 에너지가 함유되어 있어야 하고, 비타민과 미네랄이 충분히 포함되어야 한다. 또 이 시기는 농축된 칼로리, 높은 기호성, 흡수율이 좋아 최고의 활동을 유지시켜 주는 먹이어야 한다.

다른 동물처럼 개의 위장도 매일 섭취하는 먹이양에 따라 수축되고 확장된다. 크고 확장된 위장은 활동적인 사냥개에게는 적합하지 않으며 비효율적인 결과만 초래한다.

사냥 시즌이 되면 한 종의 먹이로 일정한 양을 주되 공급 횟수를 증가시키는 것이 좋다. 사냥철 동안 한 종류의 먹이를 주게 되면 다음과 같은 장점이 있다.

첫째, 주인이 그 먹이 외에 다른 먹이를 찾기 위한 노력을 할 필요가 없다. 개 또한 그 먹이 외에 다른 먹이를 기대하지 않게 된다.

둘째, 먹이교체에 따른 섭취거부 및 위장의 부담을 최소한으로 줄일 수 있다. 중요한 것은 사냥 시즌 동안에 알맞은 최고의 먹이로 교체 공급해야 하며 이로써 시즌 동안 배고파한다든가, 과식한다든가 하는 불안정한 면을 최소화할 수 있다.

이 때 먹이는 사냥시즌 1~2달 전부터 서서히 교체해야 한다. 14일 정도에 걸쳐 점진적으로 먹이를 교체해 줌으로써 스트레스를 최소화할 수 있다.

시즌에 먹이를 공급하는 일반적인 요령 10가지를 소개하면 다음과 같다.

1) 사냥전날 밤에 소량의 먹이를 준다.

2) 사냥 직후에 바로 먹이를 주는 것은 삼가한다.

3) 사냥시작 4~6시간 전이나, 사냥이 끝나고 1시간 후에 먹이를 준다.

4) 사냥중에 애견용 스낵을 소량 공급하면 배고픔과 피곤함을 줄일 수 있다.

5) 휴식 중에는 신선한 물과 고급 애견식품을 소량 공급한다.

6) 건강한 사냥개는 사냥 중 보충먹이를 필요로 하지 않는다. 그러나 사냥이 길어지면 위와 같은 방법으로 간식을 공급하는 것이 좋다.

7) 탈수되거나 열이 높은 개에게는 먹이를 주지 않는다.

8) 물통을 항상 휴대하고 수시로 신선한 물을 조금씩 마시게 한다.

9) 사냥 3시간 전 또는 사냥이 끝난 1시간 후에 충분히 물을 마시게 한다.

10) 평소의 먹이 공급은 반드시 규칙적으로 해야 한다.

엽견관리 Q & A

Q : 개의 털에 윤기가 없어지고 있습니다. 혹시 먹이 때문인가 싶어서 먹이를 바꾸었지만 별로 달라지지 않아요. 어떻게 해야 다시 건강한 털로 돌아올까요?

A : 전혀 걱정할 필요가 없을 것 같군요. 특히 털갈이를 할 때가 되면 공통적으로 보이는 현상입니다. 시간이 가면 저절로 해결됩니다. 그러나 조금이라도 빨리 원상태로 돌아오기를 바란다면 먹이에 해바라기씨 기름 몇 방울이나 마가린을 약간 섞어주면 도움이 될 수 있습니다. 어떤 분은 목욕시킬 때 사용하는 샴푸가 원인이 될 수 있느냐고 질문을 해오는 경우도 있습니다. 간단히 답하자면 샴푸로 목욕시키는 것은 별로 해를 끼치지 않습니다.

Q : 개가 며칠 전부터 몸통 아랫부분에 뾰루지가 돋고 있습니다. 가려운지 계속 긁어대고 있어서 보기가 안쓰럽습니다. 알레르기일까요?

A : 뾰루지는 상한 먹이를 주거나 운동부족일 때 발생하기도 합니다. 당분간 쌀로 된 음식으로 바꿔 먹이고 충분히 운동을 시키세요. 그래도 낫지 않으면 잠자리에 깔아준 깔개 때문이거나 진드기 때문에

발생하는 알레르기일 가능성이 높습니다. 그럴 경우 가축병원으로 데려가는 것이 현명하겠습니다.

Q : 스프링거 종의 엽견 한 마리가 생겼습니다. 그런데 개의 꼬리를 잘라주면 성격이 대담해져 사냥을 잘 한다고 들었습니다. 정말 그런가요? 가엾은 생각이 들어서 어떻게 해야 할지 망설이고 있습니다.

A : 개의 꼬리를 자르는 것은 개에게 고통을 주는 가혹한 행위일 수 있습니다. 자르는 순간뿐 아니라 사냥을 할 때도 상처가 덧나기 쉽습니다. 혹시 꼬리 잘린 스프링거 종이 덤불이나 잡초가 빽빽한 곳에서 사냥을 마친 후의 모습을 본 적이 있으신가요?

꼬리 끝에서 10cm 정도 가죽이 벗겨지고 빨갛게 살이 드러나서 무척 고통스러워하지요. 게다가 한번 덧난 꼬리는 완쾌되기 어렵습니다. 스프링거의 꼬리를 자르는 것은 사냥에도 절대로 도움이 안 되는 터무니없는 생각임을 명심하시기 바랍니다. 단, 견종에 따라 꼬리를 자르는 것이 개의 건강에 도움이 되는 경우가 있습니다.

Q : 엽견을 데리고 사냥터에 갔습니다. 사냥을 따라다니던 개가 풀숲을 지나가는데 괴성을 질러 다가가서 보니 개가 뱀에게 물렸

더군요. 급히 물린 곳을 째고 피를 빨아낸 후 손수건으로 동여맨 후 병원으로 갔습니다. 저희 개는 빨리 치료를 받아서 살 수 있었습니다만, 응급처치법을 자세히 설명해주시기 바랍니다.

A : 귀하가 하신 일은 전문가 이상으로 적절한 조치였다고 봅니다. 우리 나라는 수렵기에 뱀에 의한 피해가 적은 편이지만 비수렵기에 운동이나 훈련을 할 때 피해가 발생할 수 있습니다. 이외에 훈련 또는 사냥에서 겪을 수 있는 불의의 사고에 대해 몇 가지 응급처리법을 알려드리겠습니다.

사냥견 사고시 응급처리법

1) 부상 또는 찰과상

뛰다가 나무에 부딪치거나 낭떠러지에서 떨어지는 경우가 흔히 있는데 그렇게 되면 보행에 이상이 있고 고통을 호소하게 됩니다. 상처가 부어오르는 경우 내출혈이 될 수도 있습니다. 이런 경우에는 가급적 편한 자세로 움직이지 못하게 하고 잘 살펴보아야 합니다. 외관상 표시가 나지 않는다고 조금 있으면 괜찮겠지 하며 무리한 운동을 시키는 것은 금물입니다. 늑막의 손상이나 장출혈은 상태를 악화시키는 경우가 많기 때문입니다.

2) 골절

거동하는 데 고통이 따르므로 부목을 대고 잘 싸매어 움직이지 않게 해야 합니다. 부러진 뼈가 다른 부위를 찔러 상처가 악화되거나 혈관을 손상할 염려가 있기 때문입니다. 몸 밖으로 뼈가 부러진 채 돌출하는 경우 당황하지 말고 사지를 편안한 자세로 뻗게 하면 뼈가 제자리로 돌아갑니다. 부목이나 플라스틱 등을 대고 깨끗한 수건이나 붕대로 잘 감고 즉시 병원으로 옮기는 것이 좋습니다.

3) 출혈

엽견은 소동물에 비해 키가 커서 가시나 덤불로 인해 상처가 잘 생깁니다. 상처가 가벼운 경우는 소독약으로 처치하면 되지만 귀를 자꾸 흔들어서 상처가 커지거나 깊이 찢어져 계속 출혈이 될 경우 칼을 불에 달구어 상처 부위를 지지고 귀를 머리와 함께 테이프로 감아주면 흔들어도 출혈이 되지 않습니다.

다리나 몸에서 일어나는 출혈은 동맥을 압박하는 붕대로 지혈하고 병원으로 빨리 옮겨야 합니다. 이동 시간이 1~2시간 이상 소요되면 세포에 괴사가 일어날 수 있으므로 장거리일 경우 압박을 풀었다가 가볍게 다시 감는 요령이 필요합니다. 과다한 출혈은 체온을 저하시키므로 보온에 유의하며 운반해야 합니다.

4) 가시 · 풀씨

가시나 풀은 주로 발가락 사이나 눈에 잘 들어가는데 발가락은 즉시 현장에서 제거할 수 있지만 눈은 수의사가 아니면 치료가 어렵습니다. 눈에 들어간 가시는 시간이 지나면 깊이 들어가 치료할 수 없는 단계로 악화되기 쉽습니다. 다른 상처 못지 않게 시간을 지체하지 말고 수건이나 붕대로 상처난 눈을 잘 감싸고 앞발로 긁지 못하게 해야 합니다.

최근에 풀씨로 인한 피해가 많습니다. 이것은 특수한 구조를 가진 경우로 몸에 닿으면 계속 파고드는 특성이 있어서 상처가 생기고 화농하여 크게 부어 오르게 됩니다. 이 경우 병원에 가서 수술을 받아야 합니다. 그러나 풀씨는 헌터가 관심만 가지면 어느 정도 예방을 할 수가 있습니다. 하루의 수렵이 끝나고 개를 쓰다듬어 보면 촉감으로 풀씨가 박힌 곳을 알 수 있고 개가 귀를 털거나 불편해 하는 부위를 잘 관찰하면 제거할 수 있습니다.

Q : 저의 개 '홈즈'는 8개월된 암컷입니다. 어느날 저의 개를 자세히 살펴보니 원기도 없고 잘 먹던 식욕도 떨어진 것 같습니다. 눈곱이 끼고 가끔 설사를 하기도 하는데 왜 그럴까요?

A : 즉시 병원에 가서 진단을 받아보아야 하겠습니다. 한두 가지의

증상으로 섣불리 자가 진단하여 치료하거나 방치하는 것은 위험합니다. 정확한 진찰과 검사를 통해서 적절한 치료를 받아야 합니다. 전문인이 그래서 필요한 것입니다. 덧붙인다면, 정기 건강진단을 받는 것이 좋은 방법입니다.

Q : 사냥 시즌이 끝나고 나면 엽견을 어떻게 관리해야 하는지 고민입니다. 그 동안 체력소모가 많았으므로 푹 쉬게 하며 놀아주고도 싶습니다. 하지만 계속 쉬게 되면 사냥하는 자세가 흐트러져 다음 시즌에 영향을 주지 않을까 걱정입니다. 사냥 시즌이 끝나고 나서도 정기적인 훈련을 해야 할까요?

A : 사냥시즌에는 엽견의 운동량도 많고 건강도 양호한 편입니다. 사냥철이 끝나고 나면 엽견은 대부분 무위도식하지만, 보다 건강하고 활동적인 엽견으로 유지하려면 무한한 관심과 지속적인 운동 그리고 건강관리에 세심한 신경을 써주어야 합니다.

현대생활에서는 엽기 내 주인과 생사를 같이 하며 즐거움을 더해 주던 충직한 엽견을 비시즌에는 인간의 손길이 미치치 않는 비좁은 구석에 묶어 두는 일이 있습니다.

밥은 먹었는지, 운동량은 부족하지 않은지, 건강은 좋은지도 모른 채 장기간 방치하면 그 늠름하던 자태는 사라지고 허리는 굽고 다리 근육은 없어져 다음 엽기에 출렵을 못하게 될 수 있습니다. 또한 하절기에는 여러가지 질병이 발생하므로 보다 건강한 엽견으로 유지하려면 견사는 항상 청결하고 통풍이 잘 되며 태양광선이 적당히 비치는 곳에 두고 관리해야 합니다.

소독도 자주해 주고 연 2회 정도 담당 수의사와 상의하여 구충과 종합백신 접종을 하는 것이 좋습니다.

Q : 화이트독포(수컷, 5살)를 키우고 있습니다. 최근에 구취가 심해서 가족들도 싫어합니다. 뭔가 질병이 있는 것 같은데, 치료 방법이 있으면 가르쳐 주십시오.

A : 다섯 살의 화이트독포가 구취가 심하다는 것은 대단히 드문 일입니다. 일반적으로 서양견의 장모(長毛)종 중 비교적 어린 연령층에서 구취가 나는 예가 있습니다.

화이트독포와 같이 입 주위에 장모가

시즌동안 강열하게 활동하고 있는 사냥개

없고, 먹이 섭취 동작이 일반적인 타입의 견종은 열 살 전후에서 치주병이나 치석 등으로 구취가 심한 경우 외에, 다섯 살 난 화이트 독포에서 구취가 심하다면 질병의 가능성이 큽니다.

원인으로 판단되는 것은 구강 내의 이상, 즉 빠진 이 또는 상처난 치아에 이물질이나 개의 털이 끼어 있으면 악취가 나는 경우가 있습니다. 그밖에 치주염이나 구강과 혀의 염증이나 종양 등입니다. 전문의에게 진찰을 받아 보십시오. 치아에 관하여 일반적인 설명을 드리면 성견이 된 후의 먹이는 지방과 단백질 함유량이 비교적 적은 것이 건강 면에서 좋습니다.

엽견사료의 경우 지방 6~7% 전후, 단백질 25% 전후의 신뢰 있는 메이커 제품을 권해 드리고 싶습니다. 영양소가 지나친 먹이를 계속 섭취하면 사람의 성인병과 마찬가지로 건강유지에 부적합한 질병의 원인이 됩니다.

Q : 저는 사냥을 시작한 지 1년밖에 안 되었습니다. 처음 사냥을 시작할 때는 엽총만 가지면 꿩을 잡는 줄 알았는데 실지 엽장에 가보니까 개 없이는 도저히 사냥할 수가 없습니다.

선배들도 사냥개 없이 꿩사냥하는 건, 등대 없는 항해와 같다고 합니다. 그러나 막상 개를 구하려고 하니 마음에 드는 견은 값도 만만치 않습니다. 그래서 제 친구에게서 얻은 잉글리쉬 세터 강아지를 훈련시켜 사냥을 시도하려고 하는데, 과연 제 실력으로 가능할지 자신이 없습니다. 어떤 방법이 있는지 가르쳐 주십시오.

A : 결론부터 말씀드리면 매우 좋은 생각입니다. 시간이 허락하고 약간의 훈련 지식만 있다면 그보다 좋은 훈련 방법은 없습니다.

비교적 다른 견종도 마찬가지지만 잉글리쉬 세터를 기르는 경우는 반드시 생후 50일 전후의 강아지 때부터 기르는 것이 좋습니다.

견종을 불문하고 강아지 때부터 보살피고 사육하면 개도 복된 주인을 만난 것이나 다름 없습니다.

중요한 것은 지나치게 자기 명령에 복종시킨다든지 고등학교 훈육 주임처럼 근엄한 교육은 피하는 것이 좋습니다.

무리한 행동에 질타하는 것은 허용되지만 사역견종인 '세퍼드'나 '도베르만'을 대하듯 호된 복종훈련 같은 것을 해서는 안 됩니다. 이점은 잉글리쉬 세터 이외에 다른 조렵견도 동일합니다.

엽견은 산야에 들어서면 자주적으로 게임을 찾는 것이 그들의 본능입니다. 국내에 엽견훈련에 관한 전문서적이 없지만, 이제 이 책을 이용하면 훌륭한 엽견을 만들 수 있습니다. 그렇기 때문에 주인이라고 해서 그의 본능을 무시하고 이리저리 지나친 명령을 내리는 일은 좋지 않습니다. 적당한 거리를 두고 꿩을 수색하며 날릴 때 "잘했어, 찾아봐"하는 정도면 충분합니다. 그렇게 하면 개는 사랑을 바탕으로 본능인 엽욕을 발전시켜 성능을 발휘하게 됩니다.

강아지 때부터 주인이 끼고 있던 작업용 장갑과 탁구공 그리고 그 외 강아지들이 좋아하는 물품으로 놀아주고 운반하도록 하면 그것이 곧 좋은 훈련이 됩니다.

생후 5~6개월이 되면 하천 부지 등에 데리고 가서 개가 멀리서 달리고 있을 때, 저음의 신호용 딱총소리를 들려주며 서서히 총소리에 대한 적응 훈련을 해 보십시오. 이때 꿩이나 비둘기를 간혹 만나는 일도 있어 강아지는 흥미롭게 그것들을 대하게 됩니다. 강아지가 비둘기 등에 반응을 보일 때면 귀하는 지긋이 바라보며 반응이 끝나는 대로 적절하게 칭찬을 해 주십시오.

강아지가 7개월 정도의 나이에 이르면 꿩이 많은 서식지에 데리고 가 보십시오. 여기저기 꿩이 많으면 강아지가 뛰어다니도록 개의 의지에 맡기십시오. 멀리 갈 때는 개가 좋아하는 것을 보이며 가까이 오도록 부르십시오. 이렇게 하면 본능을 가진 개는 신기하리만치 사냥 능력을 갖추어 갑니다. 그것이 사냥개가 가지고 있는 본능입니다.

현장 실습이 늘어나고 게임의 냄새를 맡게 되면 개는 어느새 꼬리를 심하게 흔들고 재빨리 돌진하게 됩니다.

꼬리를 뻗치기도 하고, 대나무를 깎아 세운 듯 곧추 세우고 게임의 동향을 파악하게 됩니다. 잉글리쉬 세터는 코를 제 1로 사용하지요. 간혹 귀를 이용하여 작은 소리를 감지하기도 합니다. 이런 개들은 나이를 먹으면서 무서운 야성의 감각을 가지게 되며 헌터의 호흡에 충실하게 됩니다. 멀리 가지 않는 한 서식지에 데리고 가면 일체를 개에게 맡기십시오. 그리고 귀하는 조용히 개의 움직임을 주시하는 것으로 만족하십시오.

개는 직선적으로 달려들기 때문에 게임은 갑작스럽게 날아오르게 됩니다. 어느 정도 꿩냄새를 익힌 개의 경우 꿩이 기면 그 때부터 여우처럼 기어간 자리를 쫓아가게 됩니다. 그 후 엽장에 가도 심한 명령은 절대로 하지 말고 개에게 맡기십시오. 깊은 산이나 귀하가 따라갈 수 없을 때만 부르십시오. 개를 신뢰하고 조용히 개의 뒤를 따르는 습관이 중요합니다. 이 때 절대로 개에서 눈을 떼지 않는 것도 잊지 말아야 합니다.

개의 태도가 변하면 귀하는 사격 찬스를 놓치지 말고 겨냥하십시오. 만약 잠시라도 눈을 뗀다면 사격 찬스를 놓치게 될 수도 있습니다. 주인에 따라 개를 목적하는 곳에 들어가도록 하는 경우가 있습니다. 이 때 개는 마지못해 들어가는 시늉을 하다 되돌아오게 됩니다. 개의 판단으로 자기가 들어가기 힘든 지역이거나 게임이 없다고 판단해서입니다.

이 경우 지나치게 개를 밀어 넣거나 화를 내며 들여보내지 마십시오. 비록 개의 판단이 틀려 그곳에서 꿩이 날았다 하더라도 개에게 지나치게 꾸중하지 마십시오. 주인이 소리를 지르면 그 개는 본능 발전이 저하됨은 물론 주인과의 호흡도 잃어가게 됩니다. 강아지의 종자가 우수하다면 개의 자주성에 맡기는 것이 잉글리쉬 세터뿐만이 아닌 일반적인 사냥개를 가르치는 중요한 훈련법입니다.

부 록

AKC 포인팅독 테스트

부록

■ AKC 포인팅 독 테스트

1. 소개

AKC의 수렵테스트는 강아지, 성견, 종합테스트로 구분되며 견주들에게 실제 수렵과 동일한 환경에서 개의 능력을 보여주기 위한 기회를 제공한다.

개의 수렵 능력과 훈련 상태를 측정하기 위해 개최되기 때문에 심판들은 테스트에 참가한 개들을 서로 경쟁하는 대상이 아니라 AKC의 규범과 비교해 개가 조렵견으로서 갖춘 능력을 따져 '적격'과 '부적격' 판정만 내릴 뿐이다.

따라서 순위가 정해지는 시합과는 명확히 구분된다.

시합이 상호 경쟁을 바탕으로 엽견의 전체적인 능력을 측정하는 데 반해, 테스트는 비경쟁적인 절차에 따라 조렵견의 개별적인 능력을 평가하는 데 의의를 두고 있는 것이다.

테스트 과정에서 점수는 엄격하게 규범에 따라 채점되어야 하며 심판은 공명정대하게 개의 자질을 심판해야 한다.

또한 채점 과정에서 훌륭한 능력을 보여주었다면 아낌 없이 높은 점수를 부과해야 하며 개들 사이의 우열을 가리려고 해서는 안 된다.

2. 테스트의 종류

(1) 강아지 테스트(Junior Hunting Test)

강아지들은 수렵에 대한 강렬한 욕구와 대담성, 독립성 등 실렵에 필요한 자질을 보여 줘야 한다. 동시에 대상을 추적하는 지능과 함께 게임을 발견하는 능력도 보여 줘야 한다.

포인을 할 수 있어야 하지만 새를 날리고 총을 쏘는 과정은 무시해도 좋다.

만약 훈련사가 포인 후에 날린 새가 유효사거리 내에 있다면 공포탄을 발사해야 한다. 이때 강아지는 훈련사가 사거리 이내로 접근할 때까지 포인을 하고 있어야 한다. 하지만 총기 발사가 필수 사항은 아니다. 테스트가 진행되는 동안 강아지는 훈련사의 명령에 합리적인 복종심을 보여줘야 한다.

(2) 성견 테스트(Senior Hunting Test)

성견은 강아지의 모든 속성들에 추가로 새를 날린 후 총을 발사하거나 게임이 완전히 도망칠 때까지 포인 자세를 견지할 수 있는 능력을 기본으로 갖추고 있어야 한다.

또 게임을 회수해야 하며 다른 엽견이 포인을 하고 있을 때는 그것을 존중해줄 수 있어야 한다. (동조포인) 만약 다른 엽견의 포인을 방해했다면 실격 처리된다.

(3) 종합 테스트(Master Hunting Test)

종합 테스트에서는 엽견들이 완성된 기량을 선보이게 되며 여기에 출전한 엽견들은 헌터들이 탐낼 만한 출중한 기량을 갖추고 있다.

테스트가 진행되는 동안 엽견들은 훈련사의 통제하에 최대한 소음을 억제하면서 사냥에 대한 강렬한 욕망을 보여 줘야 한다.

대담하고 매력적인 방식으로 엽장을 누비며 게임을 추적하는 지능과 함께 실제로 게임을 추적하면서 사냥능력을 보여줘야 한다.

또한 훈련사와 적당한 거리를 유지하며 훈련사의 앞에 나서서 독립적으로 게임을 탐색해야 한다.

적절한 범위의 엽장을 커버해야 하지만 훈련사의 시야 밖으로 사라지게 되면 실격 처리된다.

게임이 은신해 있는 지역의 지형과 바람을 이용할 줄 알아야 하고 정확한 후각과 강렬한 포인도 필수적이다.

다른 엽견이 포인하고 있으면 존중해줘야 하고 방해할 경우 실격 처리된다(동조포인). 게임을 날려 총을 발사하는 동안 기다려야 하며 따로 명령이나 신호를 보이지 않더라도 신속하고 부드럽게 게임을 회수해 와야 한다.

3. 테스트 종목

강아지	사냥, 게임 발견 능력, 포인, 훈련적응력
성견 · 종합	사냥, 게임 발견 능력, 포인, 훈련 적응력, 회수, 동조포인(존중)

(1) 사냥(Hunting)

사냥 종목은 다시 욕구, 대담성, 독립성, 스피드, 탐색 등으로 구분된다. 테스트장을 벗어나는 개, 훈련사에게서 떨어지지 않는 개, 어슬렁거리는 개는 낮은 점수를 받는다.

사냥에 대한 가능성을 중심으로 평가하는 강아지들은 성견에 비해 비교적 후한 점수를 받게 된다.

심판들은 개의 사냥능력을 평가하는 과정에서 바람과 지형을 활용해 게임을 발견하려는 행위를 반복하는 개들에게 주목해야 한다.

또 수색범위가 넓은 개가 유리하지만 거리는 관계없다. 개들은 수색과정에서 독립성을 보여야 하지만, 훈련사의 위치를 확인하기 위해 자주 확인하는 행위는 허용된다.

개와 훈련사는 부드러운 팀웍을 유지해야 하며 훈련사가 수색 방향을 지시하면 개는 훈련사의 의도대로 움직이며 적정한 거리를 유지하며 수색을 시작해야 한다.

수색범위는 지형에 따라 결정되지만 개가 훈련사의 시야 밖으로 사라져서는 안 된다.

(2) 게임 발견 능력(Bird Finding Ability)

AKC의 규칙은 개가 게임을 발견할 수 있는 능력을 평가해야 한다고 규정하고 있다. 실렵에서 사냥을 잘 하려면 게임을 잘 발견할 수 있어야 하기 때문이다.

전체적인 정황을 살펴 사냥을 하지 않는 개가 우연히 새를 발견하는 경우는 명확히 구별돼야 한다.

또 개가 발견한 새의 수가 중요한 게 아니라 발견과정이 중요시 되어야 한다. 후각의 활용, 지형과 수풀에 대한 개의 자세가 채점의 주요한 기준이 된다.

이 테스트에는 개 한 마리당 새 두 마리 이상이 준비되어야 하며 개는 스스로의 힘으로 새를 발견해야 한다.

개를 발견하지 못한 개는 낮은 점수를 받게 된다. 그러나 사냥과 게임 발견 능력에서 우수한 능력을 보여준 개는 단지 1마리의 새만 발견했다고 해서 낮은 점수를 받을 것이라는 걱정은 하지 않아도 좋다. 채점의 중요한 기준은 자질과 과정이기 때문이다.

(3) 포인(Pointing)

포인 능력은 사냥이나 게임 발견능력에 비해 손쉽게 채점될 수 있다. 이 종목의 채점은 자세(집중력과 끈기가 기준이 됨)이고 게임에 대한 개의 집중력이다.

특히 혼란스러운 냄새를 풍기는 게임에게 정확한 포인을 하면 가산점이 주어진다.

대체로 집중력과 끈기가 부족한 개는 좋은 점수를 받지 못한다. 특히, 짧게 게임을 보는둥 마는둥 포인을 한다면 낮은 점수를 받게 된다.

그러나 자세의 높고 낮음은 중요한 기준이 되지 않지만 머리와 꼬리를 일직선으로 몸과 비슷한 높이로 유지하지 않는 경우가 있는

데, 이 경우는 감점 요인이 될 수 있다.

꼬리를 직각으로 세워야 한다는 규정은 없다.

게임에 대한 흥미 부족은 성견에게는 감점 요인이지만 강아지에게는 비교적 관대하게 측정된다.

성견들이 포인하는 과정에서는 게임의 출현을 염두에 두고 채점해야 하며 개와 게임의 거리도 고려 사항이 된다.

순간적인 포인(flash point)은 3가지 테스트 모두에서 감점요인이 된다.

여기서 순간적인 포인이라면 어느 정도의 시간을 기준으로 할 것인가가 문제될 수 있는데 AKC에서는 정상적인 포인과 순간적인 포인을 구분하는 시간을 훈련사가 총기를 발사할 수 있는 거리로 오는 시간까지 포인을 해야 정상적인 포인으로 인정받게 된다.

특히 성견의 경우 총을 발사할 때까지 포인자세를 유지하고 있어야 한다. 총을 발사하기 전 포인을 끝내면 부적격판정을 받게 된다.

포인을 마친 개는 훈련사의 지시에 의해 자리를 옮길 준비를 하고 있어야 한다.

그러나 독자적으로 훈련사가 쫓아낸 게임을 따라가거나 추적해서는 안 된다.

종합테스트의 경우 엽견은 새가 날아올라 총기가 발사될 때까지 포인 자세를 유지하고 있어야 한다.

총에 맞은 게임이 땅에 떨어지고 훈련사가 회수 명령을 내렸을 때에야 포인 자세를 풀고 게임을 향해 달려갈 수 있다.

만약 새가 개의 뒤에서 난다면 약간의 움직임이 허용되겠지만 현저하게 개의 몸이 게임의 방향으로 전진해서는 안 된다.

여기서 허용되는 거리는 몇 걸음 정도이고 별다른 명령 없이 개가 스스로 멈춰설 경우에 한해 '적합' 판정을 얻을 수 있다.

테스트가 진행되는 동안 개가 토끼나 작은 게임을 포인하는 경우도 있을 수 있지만, 이는 채점 과정에서 별다른 고려 사항이 아니다. 그러나 성견과 종합테스트에서는 훈련사의 통제에서 벗어나는 것으로 보아 감점 요인이 된다.

(4) 훈련 가능성(Trainability)

이 종목에서는 개의 복종심과 총성에 대한 반응을 테스트하게 된다. 종합테스트 수준에서는 요구 사항이 상당히 구체적이다.

개가 항상 훈련사의 통제에 따라야 하며 최대한 소음을 억제하고 훈련사의 앞에 위치해 있어야 한다.

또한 명령에 복종해야 하며 통제에 따르려는 의지를 보여 줘야 한다.

성견은 강아지에 비해 더 엄격하게 채점된다. 이 테스트에서 가장 중요한 것은 엽견의 반응이다.

성견은 새가 날아오르면 명령에 따라 멈춰야 하고 종합테스트에서는 명령없이 멈춰야 한다. 개가 멈추지 않거나 지시를 받아 멈추면 '부적격' 판정을 받게 된다.

이 테스트에서는 총성에 대한 반응도 테스트된다. AKC 규칙에는 총성에 대한 공포증을 가진 엽견은 모든 단계에서 '부적격' 판정을 받도록 하고 있다.

다만 강아지 테스트에서는 게임이 발사거리 이내에 있을 때에만 선택적으로 총을 발사하도록 하고 있다.

(5) 회수(Retrieving)

회수 능력은 성견과 종합테스트에서만 평가된다. 회수를 잘 한다는 의미는 떨어진 게임을 재빨리 발견하고 신속히 뛰어가서 입으로 물고난 후 활기차게 곧장 훈련사에게 달려가 부드럽게 넘겨주는 것을 의미한다.

성견에서는 훈련사의 손에 넘겨줄 것을 요구하지 않고 있으며 AKC 규정에도 훈련사에게 얼마나 접근해야 하는지에 대해 지시하는 내용이 수록돼 있지 않다.

일반적으로 한두 걸음 내외가 적당한 것으로 보고 있다. 그러나 종합테스트에서는 '완전히 손으로 넘겨줄 것'을 요구하고 있다.

훈련사의 도움을 금지하는 것은 성견이나 종합테스트나 마찬가지다. 회수에서 지나친 명령은 허용되지 않는다.

특히 종합테스트에서는 훈련사에게 곧장 오지 않고 헤매는 것도 감점 요인이 된다.

그러나 예기치 못한 상황이 발생했을 때 손을 내미는 일은 허용되고 있다.

엽견이 게임을 씹는 것은 심각한 감점 요인이 될 수 있다. 심판은 개에 의해 게임이 손상됐다고 판단되면 지체없이 게임을 검사해야 한다.

그런데 총에 빗맞은 게임을 회수하러 엽견이 떠난 후 갑자기 땅에 떨어진 게임이 다시 도망쳐 버렸다면 훈련사는 엽견에게 돌아오라 명령해야 하고 심판은 그 개에게 한번 더 기회를 제공해야 한다.

또 게임이 떨어진 자리에서 다른 새가 날아오를 경우도 있는데, 이 때 회수하러 간 개가 다시 새를 추적한다고 해도 감점이 되지 않으며, 추적 후 새를 물고 돌아와도 회수로 인정하지 않고 다시 테스트를 실시하게 된다.

엽견들은 부상당한 게임의 회수도 할 수 있어야 한다. 부상당한 게임을 처리까지 해도 크게 손상만 되지 않았으면 감점 요인이 되지 않는다.

이 테스트에서는 총기를 사용하므로 안전 문제가 제기되는데, 참석자들은 모두 오렌지색 상의를 착용해야 한다.

(6) 동조포인(Honoring)

동조 포인 역시 성견과 종합테스트에서만 적용되는 종목이다. 성견의 경우 AKC 규범에서는 훈련사가 동조 포인을 명령해도 상관없지만 이미 다른 개가 포인을 하고 있다는 사실을 개가 인식하고 있어야 한다고 규정돼 있다.

따라서 줄을 당겨서 개에게 다른 개의 포인을 방해하지 않도록 할 수 있지만 이 개가 방해할 의사가 없음을 명확히 보여줘야 '적격' 판정을 받게 되는 것이다.

다른 개의 포인을 훔치려는 개는 당연히 '부적격' 판정을 받게 된다.

종합테스트에서는 동조 포인 과정에서 훈련사의 간섭이 있다면 그 개는 '부적격' 판정을 받도록 규정하고 있다.

동시에 두 마리의 개가 포인을 하면서 서로 양보하려 하지 않는다면 심판은 어떤 개가 새를 날렸는지를 결정하고 회수를 해오도록 지시해야 한다.

그러나 AKC의 규범은 다른 개의 포인을 살펴보도록 개를 불러오는 것은 허용하고 있다.

다른 개의 포인을 지켜보고 있는 개는 반드시 포인하고 있는 개를 존중하여야 한다. 이때 훈련사는 명령어를 사용해도 무방하다.

또한 엽견은 게임을 날리고 총기를 발사하고 회수하는 전 과정에서 다른 엽견을 존중하는 태도를 견지하고 있어야 한다.

만약 엽견이 테스트가 진행되는 동안 존중을 증명할 기회를 갖지 못했다면 심판은 적당한 엽견을 골라내 다시 테스트를 실시할 수 있다. 이때 심판은 포인능력이 뛰어난 엽견을 선발해야 한다.

4. 채점방식

일반인들이 수렵테스트에 갖는 관심 가운데 가장 큰 것은 채점방식에 대한 것이다.

테스트에서 '적합' 판정을 받기 위해서는 10점 만점에 평균 7점 이상을 얻어야 하며 테스트 가운데 하나라도 5점 이하의 점수를 얻으면 과낙으로 처리된다.

예를 들어 3종목에서 만점을 얻었다고 하더라도 1종목에서 5점 이하라면 '부적합' 판정을 받게 되는 것이다.

점수의 비중은 7점이 C학점, 8점이 B학점, 9점이 A학점, 10점이 A+에 해당된다. 대개 심판들은 개들의 능력이 적합한지 여부를 따져서 5점부터 점수를 높여가는 상향식 채점과 10점에서 점수를 줄여가는 하향식 채점방식을 사용하고 있다.

5. 심판의 의무사항

· 테스트를 시작한 개는 모든 테스트가 완전히 마무리될 때까지 다른 테스트를 명령 할 수 없다.

· 심판은 자신이 심사하고 있는 개에게 테스트와 직접 관련된 지시를 내릴 수 없다.

· 심판은 점수에 따라 개들에게 순위를 부여할 수 없고 우열을 가리기 위해 결선을 치루는 행위도 금지된다.

· 심판은 테스트장 내에서 개들을 훈련시키는 행위를 반드시 금지시켜야 한다.

· 심판들은 최종 점수가 집계될 때까지 '적합' 혹은 '부적합' 판정을 내려선 안된다.

· 만약 테스트 과정에서 합리적인 이유없이 다른 개를 공격하는 개

가 있다면 그 개는 '적합' 판정을 받을 수 없고 AKC에 보고해야 한다.

· 공격받은 개는 다른 개들과 다시 테스트를 치루도록 한다.

· 성견테스트와 종합테스트에서 개가 게임을 지나치게 훼손하면 '적합' 판정을 받을 수 없다.

우수한 견종이라면 주인의 사랑으로 명견이 될 수 있습니다.

적극적인 눈빛으로 날으는 오리를 주시하고 있는 라브라도 리트리버

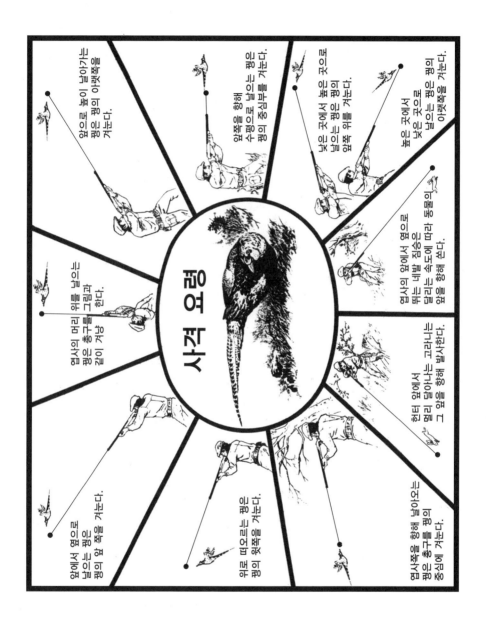

엽견 훈련

2004. 03. 17. / 사냥개 훈련은 즐겁다. 초판인쇄
2008. 07. 16. / 사냥개 훈련은 즐겁다. 재판인쇄
2018. 08. 27. / 엽견훈련. 개정 1판인쇄

펴낸곳 | **자연과 사냥**
등록번호 | 제2-3578호
주소 | 04537 서울 중구 명동 10길 19-3
우편물 수취(반품) | 32417 충남 예산군 신암면 신종2길 18-9
저　자 | 이종익
자　료 | 오은석
디자인 | 이명복
교　정 | 이진영
사진출연 | 경기사냥개 훈련소

전화| 02-777-9090 전송| 02-776-9090
홈페이지 | www.gohunting.co.kr
E-mail | nhunting@naver.com

값 25,000원
계좌번호| 농협 1103-01-094311 이성훈

ISBN 978-89-969893-4-9